BIM信息技术应用系列图书

BIM
工程施工技术

程国强　主编

刘玉梅　李少葵　副主编

U0385389

 化学工业出版社

·北京·

本书以现行行业 BIM 最新标准为依据，针对工程施工技术的难点，详细阐述了 BIM 在工程施工中的应用。本书主要包括 BIM 技术基本知识、BIM 设计深化与数字加工应用、BIM 施工模拟技术应用、BIM 施工场地布置、BIM 施工材料成本控制、BIM 施工进度控制、BIM 招投标管理应用、BIM 施工应用及模型导入、BIM 施工造价控制以及 BIM 施工案例等内容。本书在编写过程中，采用图表结合的方式，注重实际工程应用，对 BIM 在工程项目分项工程施工的应用进行了详细的讲解，体现细节化、可操作性强等特点。另外，本书给出了多个典型 BIM 工程施工实际案例，读者可通过扫描本书前言中的二维码下载查看。

本书适合 BIM 建筑工程施工技术人员及设计，管理等人员参考使用，也适合 BIM 施工技术培训机构或相关院校师生作为教材学习。

图书在版编目（CIP）数据

BIM 工程施工技术/程国强主编. —北京：化学工业
出版社，2019.1
（BIM 信息技术应用系列图书）
ISBN 978-7-122-33336-0

Ⅰ.①B… Ⅱ.①程… Ⅲ.①建筑施工-应用软件
Ⅳ.①TU7-39

中国版本图书馆 CIP 数据核字（2018）第 270362 号

责任编辑：彭明兰　　　　　　　　　　　　文字编辑：吴开亮
责任校对：边　涛　　　　　　　　　　　　装帧设计：史利平

出版发行：化学工业出版社（北京市东城区青年湖南街 13 号　邮政编码 100011）
印　　刷：三河市延风印装有限公司
装　　订：三河市宇新装订厂
787mm×1092mm　1/16　印张 13¼　字数 337 千字　2019 年 4 月北京第 1 版第 1 次印刷

购书咨询：010-64518888　　售后服务：010-64518899
网　　址：http://www.cip.com.cn
凡购买本书，如有缺损质量问题，本社销售中心负责调换。

定　　价：68.00 元

BIM 的概念最先由欧特克（Autodesk）软件公司在 2002 年提出，其全称是 Building Information Modeling，中文为"建筑信息模型"。 BIM 的核心是通过建立虚拟的建筑工程三维模型，利用数字化技术，为这个模型提供完整的、与实际情况一致的建筑工程信息库。 BIM 信息库不仅包含描述建筑物构件几何特征信息、专业属性及状态信息，还包含非构件对象（例如空间、运动行为）的状态信息；借助这个包含建筑信息的三维模型，提高了建筑工程信息集成化程度，为建筑工程的相关利益方提供了一个工程信息交换和共享的平台。 BIM 在施工过程中的应用主要有以下几方面。

1. 实现虚拟仿真施工

运用建筑信息模型（BIM）技术，建立用于进行虚拟施工和施工过程控制、成本控制的模型，模型能够将工艺参数与影响施工的属性联系起来，以反映施工模型与设计模型间的交互作用。 通过 BIM 技术，实现 3D+ 2D（三维+ 时间+ 费用）条件下的施工模型，保持了模型的一致性及模型的可持续性，实现虚拟施工过程各阶段和各方面的有效集成。

2. 实现了大型构件的虚拟拼装，节约了大量的施工成本

现代化的建筑具有高、大、重、奇的特征，建筑结构往往是以钢结构+ 钢筋混凝土结构组成为主，施工时通过三维激光测量技术，建立了制作好的每一个钢桁架的三维尺寸数据模型，在电脑上建立钢桁架模型，模拟了构件的预拼装，取消了桁架的工厂预拼装过程，节约了大量的人力和费用。

3. 实现各专业的碰撞检查，及时优化施工图

通过建立建筑、结构、设备、水电等各专业 BIM 模型，在施工前进行碰撞检查，及时优化了设备、管线位置，加快了施工进度，避免了施工中大量的返工。

通过引入 BIM 技术，建立施工阶段的设备、机电 BIM 模型。 通过软件对综合管线进行碰撞检测，利用 Autodesk Revit 系列软件进行三维管线建模，快速查找模型中的所有碰撞点，并出具碰撞检测报告。 同时配合设计单位对施工图进行深化设计，在深化设计过程中选用 Autodesk Navisworks 系列软件，实现管线碰撞检测，从而较好地解决传统二维设计下无法避免的错、漏、碰、撞等问题。

按照碰撞检查结果，对管线进行调整，从而满足符合设计施工规范、体现设计意图、符合业主要求、维护检修空间的要求，使得最终模型显示为零碰撞。 同时，借助 BIM 技术的三维可视化功能，可以直接展现各专业的安装顺序、施工方案以及完成后的最终效果。

4. 实现建设业主及造价咨询公司的投资控制

项目业主或者造价咨询单位采用 BIM 技术可以有效地实现施工期间成本控制。 在施工期间造价咨询单位通过导入 BIM 技术，可以快速准确地建立三维施工模型（3D），再加上时间、费用则形成了施工过程中的建筑项目的 5D 模型。 实现了施工期间成本的动态管理，并且能够及时准确地划分施工完成工程量及产值，为进度款支付提供了及时准确的依据。

5. 实现可视化条件下的装饰方案优化

通过 BIM 技术下三维装饰深化设计，可以建立一个完全虚拟真实建筑空间的模型。 业主或者建筑师能够像在建好的房屋内的虚拟建筑空间内漫游。 通过虚拟太阳的升起降下过程，人员可以在虚拟建筑空间内感受到阳光从不同角度射入建筑内的光线变化，而光线带给人们的感受在公共建筑中往往尤为重要。 同时，通过建筑材料的选择，业主可以在虚拟空间内感受建筑内部或者外部采用不同材料的质感、装饰图案给人带来的视觉感受，如同预先进入了装饰好的建筑内一样。 可以变换各种位置或者角度进行观察装饰效果，从而在电脑上实现装饰方案的选择和优化，既使业主满意，又节约了建造样板间的时间和费用。

6. 实现项目管理的优化

通过 BIM 技术建立施工阶段三维模型能够实现施工组织设计的优化。 如可在三维建筑模型上布置塔吊、施工电梯、提升脚手架，检查各种施工机械间的空间位置，优化机械运转间的配合关系，实现施工管理的优化。

在施工中，可以根据建筑模型对异型模板进行建模，准确获得异型模板的几何尺寸，用于进行预加工，减少了施工损耗。 同样可以对设备管线进行建模，获取管线的各段下料尺寸和管件规格、数量，使得管线尺寸能够在加工厂预先加工，实现了建筑生产的工厂化。

7. 实现项目成本的精细化管理和动态管理

通过算量软件运用 BIM 技术建立的施工阶段的 5D 模型，能够实现项目成本的精细分析，准确计算出每个工序、每个工区、每个时间节点段的工程量。 同时根据施工进度进行及时统计分析，实现了成本的动态管理，避免了以前施工企业在项目完成后，无法知道项目盈利和亏损的原因和部位。 设计变更出来后，对模型进行调整，及时分析出设计变更前后造价变化额，实现成本动态管理。

本书将项目施工过程中的 BIM 虚拟施工、成本管理及投资控制、预拼装、装饰优化、管理优化等技术方法及问题处理措施一一讲述，并用案例辅助读者理解和掌握，是 BIM 项目施工人员理想的工具书。 本书具有以下特点：

1. 内容新，依据现行国家行业 BIM 最新标准进行编写；

2. 针对性强，分门别类详解 BIM 施工流程与操作实务；

3. 注重应用，通过大量的实际工程案例，以图表的方式，详细讲解 BIM 施工现场情况；

4. 附加内容丰富，给出多个典型 BIM 工程施工实际案例，读者可以自行扩展阅读。

本书由程国强主编，刘玉梅、李少葵副主编，参与编写的有杨晓方、孙兴雷、刘彦林、孙丹、李志刚、徐树峰、刘义、杨杰、张计锋、梁大伟、贺太全、曾彦、张英、马富强、李志杰。

本书在编写过程中参考了众多专家学者资料或文献，在此一并表示感谢！

限于时间和水平，书中难免有瑕疵和疏漏，敬请广大读者朋友批评指正，我们将真诚接受并感谢！

编 者

2018 年 10 月

（扫描此二维码可查看 BIM 工程施工技术
常见问题处理及实际工程案例）

第一章

BIM技术基本知识

第一节 数字建造介绍

一、信息的特点

1. 状态

状态：定义提交信息的版本。随着信息在项目中流动，其状态通常是在一定的机制控制下变化的。例如同样一个图形，开始时的状态是"发布供审校用"，通过审校流程后，授权人士可以把该图形的状态修改为"发布供施工用"，最终项目结束以后将更新为"竣工图"。定义今后要使用的状态术语是标准化工作要做的第一步。对于每一组信息来说，界定其提交的状态是必须要做的事情，很多重要的信息在竣工状态都是需要的。另外一个应该决定的事情是该信息是否需要超过一个状态，例如"发布供施工用"和"竣工图"等。

2. 类型

类型：定义该信息提交后是否需要被修改。信息有静态和动态两种类型，静态信息代表项目过程中的某个时刻，而动态信息需要被不断更新以反映项目的各种变化。当静态信息创建完成以后就不会再变化了，这样的例子包括许可证、标准图、技术明细以及检查报告等，后续也许还会有新的检查报告，但不会是原来检查报告的修改版本。动态信息比静态信息需要更正式的信息管理，通常其访问频度也比较高，无论是行业规则还是质量系统都要求终端用户清楚地了解信息的最新版本，同时维护信息的版本历史也可能是必需的。动态信息的例子包括平面布置、工作流程图、设备数据表、回路图等。当然，根据定义，所有处于设计周期之内的信息都是动态信息。

信息主要可分为静态、动态不需要维护历史版本、动态需要维护历史版本、所有版本都需要维护、只维护特定数目的前期版本等五种类型。

3. 保持

保持：定义该信息必须保留的时间。所有被指定为需要提交的信息都应该有一个业务用途，当该信息缺失的时候，会对业务产生后果，这个后果的严重性和发生后果的经常性是衡量该信息的重要性以及确定应该投入多大努力及费用保证该信息可用的主要指标。从另一方面考虑，如果由于该信息不可用并没有产生什么后果的话，我们就得认真考虑为什么要把这个信息包括在提交要求里面了。当然法律法规可能会要求维护并不具有实际操作价值的信息。

信息保持最少需要建立下面几个等级。

(1) 基本信息　设施运营需要的信息，没有这些信息，运营和安全可能会存在难以承受的风险，这类信息必须在设施的整个生命周期中加以保留。

(2) 法律强制信息　运营阶段一般情况下不需要使用，但是当产生法律和合同责任时在一定周期内需要存档的信息，这类信息必须明确规定保存周期。

(3) 阶段特定信息　在设施生命周期的某个阶段建立，在后续某个阶段需要使用，但长期运营并不需要的信息，这类信息必须注明被使用的设施阶段。

(4) 临时信息　在后续生命周期阶段不需要使用的信息，这类信息不需要包括在信息提交要求中。

在决定每类信息的保持等级的时候，建议要同时定义信息的业务关键性等级，而不仅仅只是给其一个"基础"的等级。

4. 项目全生命周期信息

工程项目信息使用的有关资料把项目的生命周期划分为如下 6 个阶段，见表 1-1。

表 1-1　项目的生命周期

类别	内　　容
规划和计划阶段	规划和计划是由物业的最终用户发起的,这个最终用户未必一定是业主。这个阶段需要的信息是最终用户根据自身业务发展的需要对现有设施的条件、容量、效率、运营成本和地理位置等要素进行评估,以决定是否需要购买新的物业或者改造已有物业。这个分析既包括财务方面的,也包括物业实际状态方面的。如果决定启动一个建设或者改造项目,下一步就是细化上述业务发展对物业的需求,这也是开始聘请专业咨询公司(建筑师、工程师等)的时间点,这个过程结束以后,设计阶段就开始了
设计阶段	设计阶段是把规划和计划阶段的需求转化为对这个设施的物理描述。从初步设计、扩初设计到施工图的设计是一个变化的过程,是建设产品从粗糙到细致的过程,在这个进程中需要对设计进行必要的管理,从性能、质量、功能、成本到设计标准、规程,都需要去管控,设计阶段创建的大量信息,是物业生命周期所有后续阶段的基础。相当数量不同专业的专门人士在这个阶段介入设计过程,其中包括建筑师、土木工程师、结构工程师、机电工程师、室内设计师、预算造价师等,而且这些专业人士可能分属于不同的机构,因此他们之间的实时信息共享非常关键。 传统情形下,影响设计的主要因素包括设施计划、建筑材料、建筑产品和建筑法规,其中建筑法规涉及土地使用、环境、设计规范、试验等方面。近年来,施工阶段的可建性和施工顺序问题、制造业的车间加工和现场安装方法,以及精益施工体系中的"零库存"设计方法被越来越多地引入到设计阶段。 设计阶段的主要成果是施工图和明细表,典型的设计阶段通常在进行施工承包商招标的时候结束,但是对于 DB/EPC/IPD 等项目实施模式来说,设计和施工是两个连续进行的阶段
施工阶段	施工阶段是让对设施的物理描述变成现实的阶段。施工阶段的基本信息是设计阶段创建的描述将要建造的那个设施的信息,传统上通过图纸和明细表进行传递。施工承包商在此基础上增加产品来源、深化设计、加工、安装过程、施工排序和施工计划等信息。设计图纸和明细表的完整性和准确性是施工能够按时、按造价完成的基本保证。大量的研究和实践表明,富含信息的三维数字模型可以改善设计交给施工的工程图纸文档的质量、完整性和协调性。而使用结构化信息形式和标准信息格式可以使得施工阶段的应用软件,例如数控加工、施工计划软件等,直接利用设计模型
项目交付和试运行阶段	当项目基本完工,最终用户开始入住或使用设施的时候,交付就开始了,这是由施工向运营转换的一段相对短暂的时间,但是通常这也是从设计和施工团队获取设施信息的最后机会。正是由于这个原因,从施工到交付和试运行的这个转换点被认为是项目生命周期最关键的节点。 (1)项目交付　项目交付即业主认可施工工作、交接必要的文档、执行培训、支付保留款、完成工程结算。主要的交付活动包括建筑和产品系统启动、发放入住授权、设施开始使用、业主给承包商准备竣工查核事项表、运营和维护培训完成、竣工计划提交、保用和保修条款开始生效、最终验收检查完成、最后的支付完成和最终成本报告和竣工时间表生成。 虽然每个项目都要进行交付,但并不是每个项目都进行试运行

续表

类别	内容
项目交付和试运行阶段	（2）项目试运行　试运行是一个确保和记录所有的系统和部件都能按照明细表和最终用户要求以及业主运营需要执行其相应功能的系统化过程。随着建筑系统越来越复杂，承包商趋于越来越专业化，传统的开启和验收方式已经被证明是不合适的了。 　使用项目试运行方法，信息需求来源于项目早期的各个阶段。最早的计划阶段定义了业主和设施用户的功能、环境和经济要求；设计阶段通过产品研究和选择、计算和分析、草稿和绘图、明细表以及其他描述形式将需求转化为物理现实，这个阶段产生了大量信息被传递到施工阶段。连续试运行概念要求从项目概要设计阶段就考虑试运行需要的信息要求，同时在项目发展的每个阶段随时收集这些信息
项目运营和维护阶段	运营和维护阶段的信息需求包括设施的法律、财务和物理等方面。物理信息来源于交付和试运行阶段：设备和系统的操作参数，质量保证书，检查和维护计划，维护和清洁用的产品、工具、备件。法律信息包括出租、区划和建筑编号、安全和环境法规等。财务信息包括出租和运营收入，折旧计划，运维成本。此外，运维阶段也产生自己的信息，这些信息可以用来改善设施性能，以及支持设施扩建或清理的决策。运维阶段产生的信息包括运行水平、满足程度、服务请求、维护计划、检验报告、工作清单、设备故障时间、运营成本、维护成本等。 　运营和维护阶段的信息的使用者包括业主、运营商（包括设施经理和物业经理）、住户、供应商和其他服务提供商等。 　另外还有一些在运营和维护阶段对设施造成影响的项目，例如住户增建、扩建、改建，系统或设备更新等，每一个这样的项目都有自己的生命周期、信息需求和信息源，实施这些项目最大的挑战就是根据项目变化来更新整个设施的信息库
清理阶段	设施的清理有资产转让和拆除两种方式。 　资产转让需要的关键信息包括财务和物理性能数据：设施容量、出租率、土地价值、建筑系统和设备的剩余寿命、环境整治需求等。 　拆除需要的信息包括材料的数量和种类、环境整治需求、设备和材料的废品价值、拆除结构所需要的条件等，这里的有些信息需求可以追溯到设计阶段的计算和分析工作

5. 信息的传递与作用

美国标准和技术研究院（National Institute of Standards and Technology，NIST）在"信息互用问题给固定资产行业带来的额外成本增加"的研究中对信息互用定义如下："协同企业之间或者一个企业内设计、施工、维护和业务流程系统之间管理和沟通电子版本的产品和项目数据的能力"称之为信息互用。

信息的传递方式主要有双向直接互用、单向直接互用、中间翻译互用和间接互用这四种方式，见表1-2。

表1-2　信息的传递方式

类别	内容
双向直接互用	双向直接互用即两个软件之间的信息可相互转换及应用。这种信息互用方式效率高、可靠性强，但是实现起来也受到技术条件和水平的限制。 　BIM建模软件和结构分析软件之间信息互用是双向直接互用的典型案例。在建模软件中可以把结构的几何、物理、荷载信息都建立起来，然后把所有信息都转换到结构分析软件中进行分析，结构分析软件会根据计算结果对构件尺寸或材料进行调整以满足结构安全需要，最后再把经过调整修改后的数据转换回原来的模型中去，合并以后形成更新以后的BIM模型。 　实际工作中在条件允许的情况下，应尽可能选择双向直接互用方式。双向直接互用举例如图1-1所示

类别	内容
单向直接互用	单向直接互用即数据可以从一个软件输出到另外一个软件,但是不能转换回来。典型的例子是 BIM 建模软件和可视化软件之间的信息互用,可视化软件利用 BIM 模型的信息做好效果图以后,不会把数据返回到原来的 BIM 模型中去。 　　单向直接互用的数据可靠性强,但只能实现一个方向的数据转换,这也是实际工作中建议优先选择的信息互用方式。单向直接互用举例如图 1-2 所示
中间翻译互用	中间翻译互用即两个软件之间的信息互用需要依靠一个双方都能识别的中间文件来实现。这种信息互用方式容易发生信息丢失、改变等问题,因此在使用转换以后的信息以前,需要对信息进行校验。 　　例如 DWG 是目前最常用的一种中间文件格式,典型的中间翻译互用方式是设计软件和工程算量软件之间的信息互用,算量软件利用设计软件产生的 DWG 文件中的几何和属性信息,进行算量模型的建立和工程量统计。其信息互用的方式举例如图 1-3 所示
间接互用	信息间接互用即通过人工方式把信息从一个软件转换到另外一个软件,有时需要人工重新输入数据,或者需要重建几何形状。 　　根据碰撞检查结果对 BIM 模型的修改是一种典型的信息间接互用方式,目前大部分碰撞检查软件只能把有关碰撞的问题检查出来,而解决这些问题则需要专业人员根据碰撞检查报告在 BIM 建模软件里面进行人工调整,然后输出到碰撞检查软件里面重新检查,直到问题彻底更正,图1-4所示为间接互用方式举例

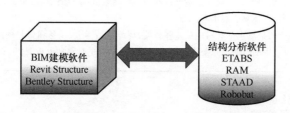

图 1-1　双向直接互用图

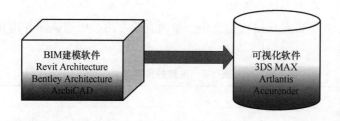

图 1-2　单向直接互用图

二、BIM 与工程建造过程

工程建造涉及从规划、设计、施工到交付使用全过程的各个阶段。BIM 技术对工程建

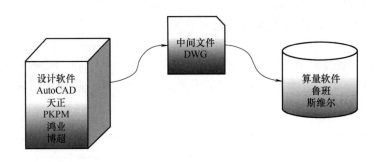

图 1-3   中间翻译互用图

造过程的支持主要体现为以下两个方面。

一方面，BIM 技术降低了工程建造各阶段的信息损失，成为解决信息孤岛问题的重要支撑。

K. Svensson 1998 年研究了工程各阶段信息损失问题，如图 1-5 所示，横轴代表建设阶段，纵轴代表信息以及信息蕴含的知识。一个原本应该平滑递增的信息曲线，因为信息在各阶段向下一阶段传递时的损失而变得曲折。

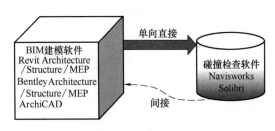

图 1-4   间接互用图

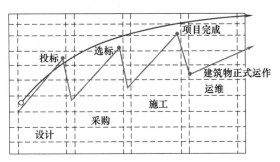

图 1-5   工程建设各阶段信息损失

尽管在设计阶段 CAD 等技术使得工程设计信息以数字化形式存在，如项目空间信息等，但当信息转变为纸介质形式时，信息就极大地损失掉了。在施工阶段，无法获取必要的设计信息，在项目交付时无法将工程施工信息交付给业主。在运营维护阶段，积累到的新信息又仅以纸质保存，难以和前一阶段的信息集成。因而造成信息的再利用性极差，同一个项目需要不断重复地创建信息。

BIM 遵循着"一次创建，多次使用"的原则，随着工程建造过程的推进，BIM 中的信息不断补充和完善，并形成一个最具时效性的、最为合理的虚拟建筑。

因此，基于 BIM 的数字建造，既包含着对前一阶段信息的无损利用，也包含着新信息的创建、补充和完善，这些过程体现为一个增值的过程。BIM 模型一经建立，将为建筑整个生命周期提供服务，并产生极大的价值，如：设计阶段的方案论证、业主决策、多专业协调、结构分析、造价估算、能量分析、光照分析等建筑物理分析和设计文档生成等；施工阶段的可施工性分析、施工深化设计、工程量计算、施工预算、进度分析和施工平面布置等；

运营阶段的设施管理、布局分析（产品、家具等）和用户管理等。

另一方面，BIM技术成为支撑工程施工中的深化设计、预制加工、安装等主要环节的关键技术。

BIM在工程建造过程中的应用领域非常广泛，如图1-6所示，BIM支持从策划到运营的工程建造各阶段。其中，在施工阶段的应用主要有3D协调、场地使用规划、施工系统设计、数字化加工、3D控制规划和记录模型等。

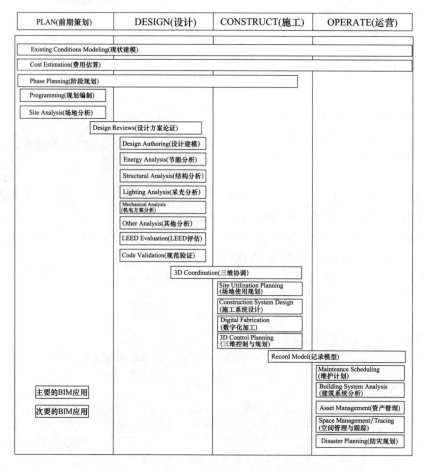

图1-6　BIM在工程建造过程中的应用领域

目前国内BIM技术在工程施工阶段的应用主要集中在施工前的BIM应用策划与准备，面向施工阶段的深化设计与数字化加工、虚拟施工，施工现场规划以及施工过程中进度、成本控制等方面。

基于BIM的建造过程包括的内容见表1-3。

表1-3　基于BIM的建造过程

类别	内容
BIM应用的策划与准备	在一项工程的施工阶段引入BIM应用，首先需要在应用前根据工程的特征和需求情况，进行BIM应用的策划和准备工作。BIM应用的策划与准备工作包括BIM应用目标的确立、BIM模型标准设置、BIM应用范围界定、BIM组织构架的搭建、信息交互方式的规定等内容。充分有效的策划与准备工作是施工阶段成功应用BIM技术的重要保障

续表

类别	内容
基于 BIM 的深化设计与数字化加工	深化设计在整个项目中处于衔接初步设计与现场施工的中间环节。专业性深化设计主要涵盖土建结构、钢结构、幕墙、机电各专业、精装修的深化设计等。项目深化设计可基于综合的 BIM 模型,对各个专业深化设计初步成果进行校核、集成、协调、修正及优化,并形成综合平面图、综合剖面图。基于 BIM 的深化设计在日益大型化、复杂化的工程中显露出相对于传统深化设计无可比拟的优越性。有别于传统的平面 2D 深化设计,基于 BIM 的深化设计更能提高施工图的深度、效率及准确性。 通过 BIM 的精确设计后,可以大大减少专业间的交错碰撞,且各专业分包利用模型开展施工方案、施工顺序讨论,可以直观、清晰地发现施工中可能产生的问题,并一次性给予提前解决,大量减少了施工过程中的误会与纠纷,也为后阶段的数字化加工、建造打下坚实基础。 基于 BIM 的数字化加工是一个颠覆性的突破,基于 BIM 的预制加工技术、现场测绘放样技术、数字物流等技术的综合应用为数字化加工打下了坚实基础。基于 BIM 实现数字化加工,可以自动完成建筑物构件的预制,降低建造误差,大幅度提高构件制造的生产率,从而提高整个建筑建造的生产率。 基于 BIM 的数字化加工将包含在 BIM 模型里的构件信息准确地、不遗漏地传递给构件加工单位进行构件加工,这个信息传递方式可以是直接以 BIM 模型传递,也可以是 BIM 模型加上 2D 加工详图的方式,由于数据的准确性和完备性,BIM 模型的应用不仅解决了信息创建、管理与传递的问题,而且 BIM 模型、3D 图纸、装配模拟、加工制造、运输、存放、测绘、安装的全程跟踪等手段为数字化建造奠定了坚实的基础
基于 BIM 的虚拟建造	基于 BIM 的虚拟建造能够极大地克服工程实物建造的一次性过程所带来的困难。在施工阶段,基于 BIM 的虚拟建造对施工方案进行模拟,包括 4D 施工模拟和重点部位的可建性模拟等。能够以不消耗实物的形式,对施工过程进行仿真演练,做到多次虚拟建造优化和一次实物安装建造的结合。 基于 BIM 的数字化建造按照施工方案模拟现实的建造过程,通过反复施工过程模拟,在虚拟的环境下发现施工过程中可能存在的问题和风险,并针对问题对模型和计划进行调整和修改,提前制订应对措施,进而优化施工方案和计划,再用来指导实际的项目施工,从而保证项目施工的顺利进行。 把 BIM 模型和施工方案集成,可以在虚拟环境中对项目的重点或难点进行可建性模拟,譬如对场地、工序、安装模拟等,进而优化施工方案。通过模拟来实现虚拟的施工过程,在一个虚拟的施工过程中可以发现不同专业需要配合的地方,以便真正施工时及早做出相应的布置,避免等待其余相关专业或承包商进行现场协调,从而提高了工作效率
基于 BIM 的施工现场临时设施规划	施工现场规划能够减少作业空间的冲突,优化空间利用效益,包括施工机械设备规划、现场物流与人流规划等。将 BIM 技术应用到施工现场临时设施规划阶段,可更好地指导施工,为施工企业降低施工风险与成本运营。譬如在大型工程中大型施工机械必不可少,重型塔吊的运行范围和位置一直都是工程项目计划和场地布置的重要考虑因素之一,而 BIM 可以实现在模型上展现塔吊的外形和姿态,配合 BIM 应用的塔吊规划就显得更加贴近实际。 将 BIM 技术与物联网等技术集成,可实现基于 BIM 施工现场实时物资需求驱动的物流规划和供应。以 BIM 空间载体,集成建筑物中的人流分布数据,可进行施工现场各个空间的人流模拟、检查碰撞、调整布局,并以 3D 模型进行表现
基于 BIM 的施工进度管理	进度计划与控制是施工组织设计的核心内容,它通过合理安排施工顺序,在劳动力、材料物资及资金消耗量最少的情况下,按规定工期完成拟建工程施工任务。目前建筑业中施工进度计划表达的传统方法,多采用横道图和网络图的形式。 将 BIM 与进度集成,可形成基于 BIM 的 4D 施工。基于 BIM 的 4D 施工模拟可将建筑从业人员从复杂抽象的图形、表格和文字中解放出来,以形象的 3D 模型作为建设项目的信息载体,方便建设项目各阶段、各专业以及相关人员之间的沟通和交流,减少建设项目因为信息过载或者信息流失而带来的损失,从而提高从业者的工作效率以及整个建筑业的效率。 BIM 技术可以支持工程进度管理相关信息在规划、设计、建造和运营维护全过程无损传递和充分共享。BIM 技术支持项目所有参建方在工程的全生命周期内以同一基准点进行协同工作,包括工程项目施工进度计划编制与控制。基于 BIM 的施工进度管理,支持管理者实现各工作阶段所需的人员、材料和机械用量的精确计算,从而提高工作时间估计的精确度,保障资源分配的合理化

续表

类别	内容
基于 BIM 的工程造价管理	工程造价控制是工程施工阶段的核心指标之一,其依托于工程量与工程计价两项基本工作。基于 BIM 的工程造价相比于传统的造价软件有根本性改变,它可实现从 2D 工程量计算向 3D 模型工程量计算转变,完成工程量统计的 BIM 化;由 BIM 4D(3D+时间/进度)建造模型进一步发展到 BIM 5D(3D+成本+进度)全过程造价管理,可实现工程建设全过程造价管理 BIM 化。 工程管理人员通过 BIM 5D 模型在工程正式施工前即可确定不同时间节点的施工进度与施工成本,可以直观地查看形象进度,并得到各时间节点的造价数据,从而避免设计与造价控制脱节、设计与施工脱节、变更频繁等问题,使造价管理与控制更加有效。基于 BIM 与工程造价信息的关联,当发生设计变更时,修改模型,BIM 系统将自动检测哪些内容发生变更,并直观地显示变更结果,统计变更工程量,并将结果反馈给施工人员,使他们能清楚地了解设计图纸的变化对造价的影响
基于 BIM 的工程信息模型集成交付及在设施管控中的应用	施工阶段及其前序阶段积累的 BIM 数据最终能够为建成的建(构)筑物及其设施增加附加价值,在交付后的运营阶段再现、再处理交付前的各种数据信息,从而更好地服务于运营阶段。基于 BIM 提供的 nD 数据,可实现建成设施的设施运营模拟、可视化维修与维护管理、设施灾害识别与应急管控等

三、BIM 与工程实施多主体协同

基于 BIM 的工程项目管理,以 BIM 模型为基础,为建筑全生命周期过程中各参与方、各专业合作搭建了协同工作平台,改变了传统的组织结构及各参与方的合作关系,为项目业主和各参与方提供项目信息共享、信息交换及协同工作的环境,从而实现了真正意义上的协同工作。与传统的"金字塔式"组织结构不同,基于 BIM 的工程项目管理要求各参与方在设计阶段就全部介入工程项目,以此实现全生命周期各个参与方共同参与、协同工作的目标,具体内容见表 1-4。

表 1-4　BIM 与工程实施多主体协同

类别	内容
设计—施工协同	在设计—施工总承包模式下,施工单位在施工图设计阶段就可以介入项目,根据自己以往的施工经验,与设计单位共同商讨施工图是否符合施工工艺和施工流程的要求等问题,提出设计初步方案的变更建议,然后设计方做出变更以及进度、费用的影响报告,由业主审核批准后确定最终设计方案
各专业设计协同优化	基于 BIM 的项目管理在设计过程中,各个专业如建筑、结构、设备(暖通、电、给排水)在同一个设计模型文件中进行,多个工种在同一个模型中工作,可以实时地进行不同专业之间以及各专业内部间的碰撞检测,及时纠正设计中的管线碰撞、几何冲突问题,从而优化设计。因此,施工阶段依据在 BIM 指导下的完整、统一的设计方案进行施工,就能够避免诸多工程接口冲突、施工变更、返工问题
施工环节之间不同工种的协同	BIM 模型能够支持从深化设计到构件预制,再到现场安装的信息传递,将设计阶段产生的构件模型供生产阶段提取、深化和更新。如将 BIM 3D 设计模型导入到专业的构件分析软件如 Tekla 里,完成配筋等深化设计工作。同时,自动导出数控文件,完成模具设计自动化、生产计划管理自动化、构件生产自动下料工作,实现构件设计、深化设计、预制构件、加工、预安装一体化管理

续表

类别	内容
总包与分包的协同	BIM 技术能够搭建总承包单位和分包单位协同工作平台。由于 BIM 模型集成了建筑工程项目的多个维度信息,可以视为一个中央信息库。在建设过程中,项目各参与方在此中央信息库的基础上协同工作,可将各自掌握的项目信息进行处理,上传到信息平台,或者对信息平台上的信息进行有权限的修改,其他参与方便可以在一定条件下通过信息平台获取所需要的信息,实现信息共享与信息高效率、高保真率地传递流通。 以 BIM 技术为基础的工程项目建设过程是策划、设计、施工和运营集成后的一体化过程。事实上,在工程管理全过程的各个阶段,每一个阶段的结束与下一个阶段的开始都存在工作上的交叉与协作,信息上的交换与复用。而 BIM 模型则为建设工程中各阶段的参与主体提供了一个共享的工作平台与信息平台。 基于 BIM 的工程管理能够实现不同阶段、不同专业、不同主体之间的协同工作,保证了信息的一致性及在各个阶段之间流转的无缝性,提高了工程设计、建造的效率。有关参与方在设计阶段能有效地介入项目,基于 BIM 平台进行协同设计,并对建筑、结构、水暖电等各个专业进行虚拟碰撞分析,用以鉴别"冲突",对建筑物的能耗性能模拟分析。所有工作都基于 BIM 数字模型与平台完成,保证信息输入的唯一性,这是一个快速、高效的过程。在施工过程中,还可以将合同、进度、成本、质量、安全等信息集成至 BIM 模型中,形成整体工程数字信息库,并随着工程项目的生命延续而实时扩充项目信息,使每个阶段各参与方都能够根据需要实时、高效地利用各类工程信息

四、BIM 在运营维护阶段的作用与价值

BIM 参数模型可以为业主提供建设项目中所有系统的信息,在施工阶段做出的修改将全部同步更新到 BIM 参数模型中,形成最终的 BIM 技术平台的竣工模型(As-built model),该竣工模型作为各种设备管理的数据库为系统的维护提供依据。

BIM 可同步提供有关建筑使用情况或性能、入住人员与容量、建筑已用时间以及建筑财务方面的信息;同时,BIM 可提供数字更新记录,并改善搬迁规划与管理。BIM 还促进了标准建筑模型对商业场地条件(例如零售业场地,这些场地需要在许多不同地点建造相似的建筑)的适应。有关建筑的物理信息(例如完工情况、承租人或部门分配、家具和设备库存)和关于可出租面积、租赁收入或部门成本分配的重要财务数据都更加易于管理和使用。稳定访问这些类型的信息可以提高建筑运营过程中的收益与成本管理水平。

将 BIM 与维护管理计划相链接,实现建筑物业管理与楼宇设备的实时监控相集成的智能化和可视化管理,及时定位问题来源。结合运营阶段的环境影响和灾害破坏,针对结构损伤、材料劣化,进行建筑结构安全性、耐久性分析与预测。

第二节 BIM 技术发展

一、BIM 的优势

CAD 技术将建筑师、工程师们从手工绘图推向计算机辅助制图,实现了工程设计领域的第一次信息革命。但是此信息技术对产业链的支撑作用是断点的,各个领域和环节之间没有关联,从产业整体来看,信息化的综合应用明显不足。BIM 是一种技术、一种方法、一种过程,它既包括建筑物全生命周期的信息模型,同时又包括建筑工程管理行为的模型,它将两者进行完美的结合来实现集成管理,它的出现将可能引发整个 A/E/C(Architecture/Engineering/Construction)领域的第二次革命。

BIM技术较二维CAD技术的优势主要有以下几点。

1. 基本元素

基本元素如墙、窗、门等，不但具有几何特性，同时还具有建筑物理特征和功能特征。

2. 修改图元位置或大小

所有图元均为参数化建筑构件，附有建筑属性；在"族"的概念下，只需要更改属性，就可以调节构件的尺寸、样式、材质、颜色等。

3. 各建筑元素间的关联性

各个构件是相互关联的，例如删除一面墙，墙上的窗和门跟着自动删除；删除一扇窗，墙上原来窗的位置会自动恢复为完整的墙。

4. 建筑物整体修改

只需进行一次修改，则与之相关的平面、立面、剖面、三维视图、明细表等都会自动修改。

5. 建筑信息的表达

包含了建筑的全部信息，不仅提供形象可视的二维和三维图纸，而且提供工程量清单、施工管理、虚拟建造、造价估算等更加丰富的信息。

二、BIM技术给工程施工带来的变化

BIM技术给工程施工带来的变化见表1-5。

表1-5 BIM技术给工程施工带来的变化

类别	内容
更多业主要求应用BIM	由于BIM的可视化平台可以让业主随时检查其设计是否符合业主的要求，且BIM技术所带来的价值优势是巨大的，如能缩短工期、早期得到可靠的工程预算、得到高性能的项目结果、方便设备管理与维护等
BIM 4D工具成为施工管理新的技术手段	目前，大部分BIM软件开发商都将4D功能作为BIM软件不可或缺的一部分，甚至一些小型的软件开发公司专门开发4D软件工具。 BIM 4D相对于传统2D图纸的施工管理模式的优势如下： (1)优化进度计划，相比传统的甘特图，BIM 4D可直观地模拟施工过程，以检验施工进度计划是否合理有效； (2)模拟施工现场，更合理地安排物料堆放、物料运输路径及大型机械位置； (3)跟踪项目进程，可以快速辨别实际进度是否提前或滞后； (4)使各参与方与各利益相关者能更有效地沟通
工程人员组织结构与工作模式逐渐发生改变	由于BIM智能化应用，工程人员组织结构、工作模式及工作内容等将发生革命性的变化，体现在以下几个方面： (1)IPD(Integrated Product Development,集成产品开发)模式下的人员组织机构不再是传统意义上的处于对立的单独的各参与方，而是协同工作的一个团队组织； (2)由于工作效率的提高，某些工程人员的数量编制将有所缩减，而专门的BIM技术人员数量将有所增加，对于人员BIM培训的力度也将增加； (3)美国国家建筑科学研究院(National Institute of Building Sciences,NIBS)定义了国家BIM标准(National BIM Standards)，意在消除在项目实施过程中由于数据格式不统一等所产生的大量额外工作，制定BIM标准也是我国未来BIM发展的方向

续表

类别	内容
一体化协作模式的优势逐渐得到认同	一些建筑业的领头企业已经逐渐认识到未来的项目实施过程将需要一体化的项目团队来完成，且 BIM 的应用将发挥巨大的利益优势。一些规模较大的施工企业未来的发展趋势将会设立其自己的设计团队，而越来越多的项目管理模式将采用 DB 模式，甚至 IPD 模式来完成
企业资源计划（ERP）逐渐被承包商广泛应用	企业资源计划（Enterprise Resource Planning,ERP）是先进的现代企业管理模式,主要实施对象是企业,目的是将企业的各个方面的资源(包括人、财、物、产、供、销等因素)合理配置,以使之充分发挥效能,使企业在激烈的市场竞争中全方位地发挥能量,从而取得最佳经济效益。世界 500 强企业中有 80% 的企业都在用 ERP 软件作为其决策的工具和管理日常工作流程,其功效可见一斑。目前 ERP 软件也正在逐步被建筑承包商企业所采用,用作企业统筹管理多个建设项目的采购、账单、存货清单及项目计划等方面。一旦这种企业后台管理系统(back office system)建立,将其与 CAD 系统、3D 系统、BIM 系统等整合在一起,将大大提升企业的管理水平,提高经济性
更多地服务于绿色建筑	由于气候变化、可持续发展、建设项目舒适度要求提高等方面的因素,建设绿色建筑已是一种趋势。BIM 技术可以为设计人员在分析能耗、选择低环境影响的材料等方面提供帮助

三、BIM 未来展望

BIM 技术的深度应用趋势如表 1-6 所示。

表 1-6　BIM 技术的深度应用趋势

类别	内容
BIM 技术与绿色建筑	绿色建筑是指在建筑的全寿命周期内,最大限度地节约资源,节能、节地、节水、节材、保护环境和减少污染,提供健康适用、高效使用、与自然和谐共生的建筑。 BIM 的最重要意义在于它重新整合了建筑设计的流程,其所涉及的建筑生命周期管理(BLM),又恰好是绿色建筑设计关注和影响的对象。真实的 BIM 数据和丰富的构件信息给各种绿色分析软件以强大的数据支持,确保了结果的准确性。BIM 的某些特性(如参数化、构件库等)使建筑设计及后续流程针对上述分析的结果,有非常及时和高效的反馈。绿色建筑设计是一个跨学科、跨阶段的综合性设计过程,而 BIM 模型刚好顺应需求,实现了单一数据平台上各个工种的协调设计和数据集中。BIM 的实施,能将建筑各项物理信息分析从设计后期显著提前,有助于建筑师在方案,甚至概念设计阶段进行绿色建筑相关的决策。 另外,BIM 技术提供了可视化的模型和精确的数字信息统计,将整个建筑的建造模型摆在人们面前,立体的三维感增加人们的视觉冲击和图像印象。而绿色建筑则是根据现代的环保理念提出的,主要是运用高科技设备利用自然资源,实现人与自然的和谐共处。基于 BIM 技术的绿色建筑设计应用主要通过数字化的建筑模型、全方位的协调处理、环保理念的渗透三个方面来进行,实现绿色建筑的环保和节约资源的原始目标,对于整个绿色建筑的设计有很大的辅助作用。 总之,结合 BIM 进行绿色建筑设计已经是一个受到广泛关注和认可的系统性方案,也让绿色建筑事业进入一个崭新的时代

类别	内容
BIM技术 与信息化	信息化是指培养、发展以计算机为主的智能化工具为代表的新生产力,并使之造福于社会的历史过程。智能化生产工具与过去生产力中的生产工具不一样的是,它不是一个孤立分散的东西,而是一个具有庞大规模的、自上而下的、有组织的信息网络体系。这种网络性生产工具正改变人们的生产方式、工作方式、学习方式、交往方式、生活方式、思维方式等,使人类社会发生极其深刻的变化。 随着我国国民经济信息化进程的加快,建筑业信息化早些年已经被提上了议事日程。住房和城乡建设部明确指出:"建筑业信息化是指运用信息技术,特别是计算机技术和信息安全技术等,改造和提升建筑业技术手段和生产组织方式,提高建筑企业经营管理水平和核心竞争力。提高建筑业主管部门的管理、决策和服务水平。"建筑业的信息化是国民经济信息化的基础之一,而管理的信息化又是实现全行业信息化的重中之重。因此,利用信息化改造建筑工程管理,是建筑业健康发展的必由之路。但是,我国建筑工程管理信息化无论从思想认识上,还是在专业推广中都还不成熟,仅有部分企业不同程度地、孤立地使用信息技术的某一部分,且仍没有实现信息的共享、交流与互动。 利用BIM技术对建筑工程进行管理,应由业主方搭建BIM平台,组织业主、监理、设计、施工多方,进行工程建造的集成管理和全寿命周期管理。BIM系统是一种全新的信息化管理系统,目前正越来越多地应用于建筑行业中。它要求参建各方在设计、施工、项目管理、项目运营等各个过程中将所有信息整合在统一的数据库中,通过数字信息仿真模拟建筑物所具有的真实信息,为建筑的全生命周期管理提供平台。在整个系统的运行过程中,要求业主方、设计方、监理方、总包方、分包方、供应方多渠道和多方位的协调,并通过网上文件管理协同平台进行日常维护和管理。BIM是新兴的建筑信息化技术,同时也是未来建筑技术发展的大势所趋
BIM技术 与EPC	EPC(Engineering Procurement Construction,工程总承包)是指工程总承包企业按照合同约定,承担工程项目的设计、采购、施工、试运行服务等工作,并对承包工程的质量、安全、工期、造价全面负责,它是以实现"项目功能"为最终目标,是我国目前推行总承包模式最主要的一种。较传统设计和施工分离承包模式,业主方能够摆脱工程建设过程中的杂乱事务,避免人员与资金的浪费;总承包商能够有效减少工程变更、争议、纠纷和索赔的耗费,使资金、技术、管理各个环节衔接更加紧密;同时,更有利于提高分包商的专业化程度,从而体现EPC工程总承包方式的经济效益和社会效益。因此,EPC总承包越来越被发包人、投资者所欢迎,也被政府有关部门所看重并大力推行。 随着国际工程承包市场的发展,EPC总承包模式得到越来越广泛的应用。对技术含量高、各部分联系密切的项目,业主往往更希望由一家承包商完成项目的设计、采购、施工和试运行。根据美国设计建造学会(DBIA)的预测,未来工程项目,采用工程总承包模式的项目数将超过以业主分别与设计单位和施工单位签订设计、施工合同为特征的传统建设模式所占比例。大型工程项目多采用EPC总承包模式,给业主和承包商带来了充分的便利和可观效益,同时也给项目管理程序和手段,尤其是项目信息的集成化管理提出了新的更高的要求,因为工程项目建设的成功与否在很大程度上取决于项目实施过程中参与各方之间信息交流的透明性和时效性是否能得到满足。 工程管理领域的许多问题,如成本的增加、工期的延误等都与项目组织中的信息交流问题有关。传统工程管理组织中信息内容的缺失、扭曲以及传递过程的延误和信息获得成本过高等问题严重阻碍了项目参与各方的信息交流和沟通,也给基于BIM的工程项目管理预留了广阔的空间。把EPC项目生命周期所产生的大量图纸、报表数据融入以时间、费用为维度进展的4D、5D模型中,利用虚拟现实技术辅助工程设计、采购、施工、试运行等诸多环节,整合业主、EPC总承包商、分包商、供应商等各方的信息,增强项目信息的共享和互动,不仅是必要的而且是可能的。 与发达国家相比,我国建筑业的信息化水平还有较大的差距。根据我国建筑业信息化存在的问题,结合今后的发展目标及重点,住房和城乡建设部印发的《2011—2015年建筑业信息化发展纲要》明确提出,我国建筑业信息化的总体目标为:"'十二五'期间,基本实现建筑企业信息系统的普及应用,加快建筑信息模型、基于网络的协同工作等新技术在工程中的应用,推动信息化标准建设,促进具有自主知识产权软件的产业化,形成一批信息技术应用达到国际先进水平的建筑企业。"同时提出,在专项信息技术应用上,"加快推广BIM、协同设计、移动通信、无线射频、虚拟现实、4D项目管理等技术在勘察设计、施工和工程项目管理中的应用,改进传统的生产与管理模式,提升企业的生产效率和管理水平。"

续表

类别	内容
BIM技术与云计算	云计算是一种基于互联网的计算方式,以这种方式共享的软硬件和信息资源可以按需提供给计算机和其他终端使用。 BIM与云计算集成应用,是利用云计算的优势将BIM应用转化为BIM云服务,基于云计算强大的计算能力,可将BIM应用中计算量大且复杂的工作转移到云端,以提升计算效率;基于云计算的大规模数据存储能力,可将BIM模型及其相关的业务数据同步到云端,方便用户随时随地访问并与协作者共享;云计算使得BIM技术走出办公室,用户在施工现场可通过移动设备随时连接云服务,及时获取所需的BIM数据和服务等。 根据云的形态和规模,BIM与云计算集成应用将经历初级、中级和高级发展阶段。初级阶段以项目协同平台为标志,主要厂商的BIM应用通过接入项目协同平台,初步形成文档协作级别的BIM应用;中级阶段以模型信息平台为标志,合作厂商基于共同的模型信息平台开发BIM应用,并组合形成构件协作级别的BIM应用;高级阶段以开放平台为标志,用户可根据差异化需要从BIM云平台上获取所需的BIM应用,并形成自定义的BIM应用
BIM技术与物联网	物联网是通过射频识别、红外感应器、全球定位系统、激光扫描器等信息传感设备,按约定的协议将物品与互联网相连进行信息交换和通信,以实现智能化识别、定位、跟踪、监控和管理的一种网络。 BIM与物联网集成应用,实质上是建筑全过程信息的集成与融合。BIM技术发挥上层信息集成、交互、展示和管理的作用,而物联网技术则承担底层信息感知、采集、传递、监控的功能。两者集成应用可以实现建筑全过程"信息流闭环",实现虚拟信息化管理与实体环境硬件之间的有机融合。目前BIM在设计阶段应用较多,并开始向建造和运维阶段应用延伸。物联网应用目前主要集中在建造和运维阶段,两者集成应用将会产生极大的价值。 在工程建设阶段,两者集成应用可提高施工现场安全管理能力,确定合理的施工进度,支持有效的成本控制,提高质量管理水平。如临边洞口防护不到位、部分作业人员高处作业不系安全带等安全隐患在施工现场无处不在,基于BIM的物联网应用可实时发现这些隐患并报警提示。高空作业人员的安全帽、安全带、身份识别牌上安装的无线射频识别,可在BIM系统中实现精确定位,如果作业行为不符合相关规定,身份识别牌与BIM系统中相关定位会同时报警,管理人员可精准定位隐患位置,并采取有效措施避免安全事故发生。在建筑运维阶段,两者集成应用可提高设备的日常维护维修工作效率,提升重要资产的监控水平,增强安全防护能力,并支持智能家居。 BIM与物联网集成应用目前处于起步阶段,尚缺乏数据交换、存储、交付、分类和编码、应用等系统化、可实施操作的集成和实施标准,且面临着法律法规、建筑业现行商业模式、BIM应用软件等诸多问题,但这些问题将会随着技术的发展及管理水平的不断提高得到解决。BIM与物联网的深度融合与应用,势必将智能建造提升到智慧建造的新高度,开创智慧建筑新时代,是未来建设行业信息化发展的重要方向之一。未来建筑智能化系统,将会出现以物联网为核心,以功能分类、相互通信兼容为主要特点的建筑"智慧化"大控制系统
BIM技术与数字加工	数字化是将不同类型的信息转变为可以度量的数字,将这些数字保存在适当的模型中,再将模型引入计算机进行处理的过程。数字化加工则是在应用已经建立的数字模型基础上,利用生产设备完成对产品的加工。 BIM与数字化加工集成,意味着将BIM模型中的数据转换成数字化加工所需的数字模型,制造设备可根据该模型进行数字化加工。目前,主要应用在预制混凝土板生产、管线预制加工和钢结构加工3个方面。一方面,工厂精密机械自动完成建筑物构件的预制加工,不仅制造出的构件误差小,生产效率也可大幅提高;另一方面,建筑中的门窗、整体卫浴、预制混凝土结构和钢结构等许多构件,均可异地加工,再被运到施工现场进行装配,既可缩短建造工期,也容易掌控质量。 例如,深圳平安金融中心为超高层项目,有十几万平方米风管加工制作安装量,如果采用传统的现场加工制作安装方法,不仅大量占用现场场地,而且受垂直运输影响,效率低下。为此,该项目探索基于BIM的风管工厂化预制加工技术,将制作工序移至场外,由专门加工流水线高效切割完成风管制作,再运至现场指定楼层完成组合拼装。在此过程中依靠BIM技术进行预制分段和现场施工误差测控,大大提高了施工效率和工程质量。 未来,将以建筑产品三维模型为基础,进一步加入资料、构件制造、构件物流、构件装置以及工期、成本等信息,以可视化的方法完成BIM与数字化加工的融合。同时,更加广泛地发展和应用BIM技术与数字化技术的集成,进一步拓展信息网络技术、智能卡技术、家庭智能化技术、无线局域网技术、数据卫星通信技术、双向电视传输技术等与BIM技术的融合

类别	内容
BIM 技术与 智能全站仪	施工测量是工程测量的重要内容,包括施工控制网的建立、建筑物的放样、施工期间的变形观测和竣工测量等内容。近年来,外观造型复杂的超大、超高建筑日益增多,测量放样主要使用全站型电子速测仪(简称全站仪)。随着新技术的应用,全站仪逐步向自动化、智能化方向发展。智能型全站仪由马达驱动,在相关应用程序控制下,在无人干预的情况下可自动完成多个目标的识别、照准与测量,且在无反射棱镜的情况下可对一般目标直接测距。 　　BIM 与智能型全站仪集成应用,是通过对软件、硬件进行整合,将 BIM 模型带入施工现场,利用模型中的三维空间坐标数据驱动智能型全站仪进行测量。两者集成应用,将现场测绘所得的实际建造结构信息与模型中的数据进行对比,核对现场施工环境与 BIM 模型之间的偏差,为机电、精装、幕墙等专业的深化设计提供依据。同时,基于智能型全站仪高效精确的放样定位功能,结合施工现场轴线网、控制点及标高控制线,可高效快速地将设计成果在施工现场进行标定,实现精确的施工放样,并为施工人员提供更加准确直观的施工指导。此外,基于智能型全站仪精确的现场数据采集功能,在施工完成后对现场实物进行实测实量,通过对实测数据与设计数据进行对比,检查施工质量是否符合要求。 　　与传统放样方法相比,BIM 与智能型全站仪集成放样,精度可控制在 3mm 以内,而一般建筑施工要求的精度在 1~2cm,远超传统施工精度。传统放样最少要两人操作,BIM 与智能型全站仪集成放样,一人一天可完成几百个点的精确定位,效率是传统方法的 6~7 倍。 　　目前,国外已有很多企业在施工中将 BIM 与智能型全站仪集成应用进行测量放样,而我国尚处于探索阶段,只有深圳市城市轨道交通 9 号线、深圳平安金融中心和北京望京 SOHO 等少数项目应用。未来,两者集成应用将与云技术进一步结合,使移动终端与云端的数据实现双向同步;还将与项目质量管控进一步融合,使质量控制和模型修正无缝融入原有工作流程,进一步提升 BIM 的应用价值
BIM 技术 与 GIS	地理信息系统是用于管理地理空间分布数据的计算机信息系统,以直观的地理图形方式获取、存储、管理、计算、分析和显示与地球表面位置相关的各种数据,英文缩写为 GIS。BIM 与 GIS 集成应用,是通过数据集成、系统集成或应用集成来实现的,可在 BIM 应用中集成 GIS,也可以在 GIS 应用中集成 BIM,或是 BIM 与 GIS 深度集成,以发挥各自优势,拓展应用领域。目前,两者集成在城市规划、城市交通分析、城市微环境分析、市政管网管理、住宅小区规划、数字防灾、既有建筑改造等诸多领域有所应用,与各自单独应用相比,在建模质量、分析精度、决策效率、成本控制水平等方面都有明显提高。 　　BIM 与 GIS 集成应用,可提高长线工程和大规模区域性工程的管理能力。BIM 的应用对象往往是单个建筑物,利用 GIS 宏观尺度上的功能,可将 BIM 的应用范围扩展到道路、铁路、隧道、水电、港口等工程领域。如邢汾高速公路项目开展 BIM 与 GIS 集成应用,实现了基于 GIS 的全线宏观管理、基于 BIM 的标段管理以及桥隧精细管理相结合的多层次施工管理。 　　BIM 与 GIS 集成应用,可增强大规模公共设施的管理能力。现阶段,BIM 应用主要集中在设计、施工阶段,而两者集成应用可解决大型公共建筑、市政及基础设施的 BIM 运维管理,将 BIM 应用延伸到运维阶段。如昆明新机场项目将两者集成应用,成功开发了机场航站楼运维管理系统,实现了航站楼物业、机电、流程、库存、报修与巡检等日常运维管理和信息动态查询。 　　BIM 与 GIS 集成应用,还可以拓宽和优化各自的应用功能。导航是 GIS 应用的一个重要功能,但仅限于室外。两者集成应用,不仅可以将 GIS 的导航功能拓展到室内,还可以优化 GIS 已有的功能。如利用 BIM 模型对室内信息的精细描述,可以保证在发生火灾时室内逃生路径是最合理的,而不再只是路径最短。 　　随着互联网的高速发展,基于互联网和移动通信技术的 BIM 与 GIS 集成应用,将改变两者的应用模式,向着网络服务的方向发展。当前,BIM 和 GIS 不约而同地开始融合云计算这项新技术,分别出现了"云 BIM"和"云 GIS"的概念,云计算的引入将使 BIM 和 GIS 的数据存储方式发生改变,数据量级也将得到提升,其应用也会得到跨越式发展

续表

类别	内容
BIM 技术 与 3D 扫描	3D 扫描是集光、机、电和计算机技术于一体的高新技术,主要用于对物体空间外形、结构及色彩进行扫描,以获得物体表面的空间坐标,具有测量速度快、精度高、使用方便等优点,且其测量结果可直接与多种软件接口。3D 激光扫描技术又被称为实景复制技术,采用高速激光扫描测量的方法,可大面积高分辨率地快速获取被测量对象表面的 3D 坐标数据,为快速建立物体的 3D 影像模型提供了一种全新的技术手段。3D 激光扫描技术可有效完整地记录工程现场复杂的情况,通过与设计模型进行对比,直观地反映出现场真实的施工情况,为工程检验等工作带来巨大帮助。同时,针对一些古建类建筑,3D 激光扫描技术可快速准确地形成电子化记录,形成数字化存档信息,方便后续的修缮改造等工作。此外,对于现场难以修改的施工现状,可通过 3D 激光扫描技术得到现场真实信息,为其量身定做装饰构件等材料。 　　BIM 与 3D 扫描技术的集成,是将 BIM 模型与所对应的 3D 扫描模型进行对比、转化和协调,达到辅助工程质量检查、快速建模、减少返工的目的,可解决很多传统方法无法解决的问题,目前正越来越多地被应用在建筑施工领域,在施工质量检测、辅助实际工程量统计、钢结构预拼装等方面体现出较大价值。例如,将施工现场的 3D 激光扫描结果与 BIM 模型进行对比,可检查现场施工情况与模型、图纸的差别,协助发现现场施工中的问题,这在传统方式下需要工作人员拿着图纸、皮尺在现场检查,费时又费力。 　　再如,针对土方开挖工程中较难统计测算土方工程量的问题,可在开挖完成后对现场基坑进行 3D 激光扫描,基于点云数据进行 3D 建模,再利用 BIM 软件快速测算实际模型体积,并计算现场基坑的实际挖掘土方量。此外,通过与设计模型进行对比,还可以直观了解基坑挖掘质量等其他信息。上海中心大厦项目引入大空间 3D 激光扫描技术,通过获取复杂的现场环境及空间目标的 3D 立体信息,快速重构目标的 3D 模型及线、面、体、空间等各种带有 3D 坐标的数据,再现客观事物真实的形态特性。同时,将依据点云建立的 3D 模型与原设计模型进行对比,检查现场施工情况,并通过采集现场真实的管线及龙骨数据建立模型,作为后期装饰等专业深化设计的基础。BIM 与 3D 扫描技术的集成应用,不仅提高了该项目的施工质量检查效率和准确性,也为装饰等专业深化设计提供了依据
BIM 技术与 虚拟现实	虚拟现实,也称作虚拟环境或虚拟真实环境,是一种三维环境技术,集先进的计算机技术、传感与测量技术、仿真技术、微电子技术等为一体,借此产生逼真的视、听、触、力等三维感觉环境,形成一种虚拟世界。虚拟现实技术是人们运用计算机对复杂数据进行的可视化操作,与传统的人机界面以及流行的视窗操作相比,虚拟现实在技术思想上有了质的飞跃。 　　BIM 技术的理念是建立涵盖建筑工程全生命周期的模型信息库,并实现各个阶段、不同专业之间基于模型的信息集成和共享。BIM 与虚拟现实技术集成应用,主要内容包括虚拟场景构建、施工进度模拟、复杂局部施工单位案模拟、施工成本模拟、多维模型信息联合模拟以及交互式场景漫游,目的是应用 BIM 信息库,辅助虚拟现实技术更好地在建筑工程项目全生命周期中应用。 　　BIM 与虚拟现实技术集成应用,可提高模拟的真实性。传统的二维、三维表达方式,只能传递建筑物单一尺度的部分信息,使用虚拟现实技术可展示一栋活生生的虚拟建筑物,使人产生身临其境之感。并且,可以将任意相关信息整合到已建立的虚拟场景中,进行多维模型信息联合模拟。可以实时、任意视角查看各种信息与模型的关系,指导设计、施工,辅助监理、监测人员开展相关工作。 　　BIM 与虚拟现实技术集成应用,可有效支持项目成本管控。据不完全统计,一个工程项目大约有 30% 的施工过程需要返工、60% 的劳动力资源被浪费、10% 的材料被损失浪费。不难推算,在庞大的建筑施工行业中每年约有万亿元的资金流失。BIM 与虚拟现实技术集成应用,通过模拟工程项目的建造过程,在实际施工前即可确定施工单位案的可行性及合理性,可减少或避免设计中存在的大多数错误;可以方便地分析出施工工序的合理性,生成对应的采购计划和财务分析费用列表,高效地优化施工单位案;还可以提前发现设计和施工中的问题,对设计、预算、进度等属性及时更新,并保证获得数据信息的一致性和准确性。两者集成应用,在很大程度上可减少建筑施工行业中普遍存在的低效、浪费和返工现象,大大缩短项目计划和预算编制的时间,提高计划和预算的准确性。 　　BIM 与虚拟现实技术集成应用,可有效提升工程质量。在施工之前,将施工过程在计算机上进行三维仿真演示,可以提前发现并避免在实际施工中可能遇到的各种问题,如管线碰撞、构件安装错误等,以便指导施工和制订最佳施工单位案,从整体上提高建筑施工效率,确保工程质量,消除安全隐患,并有助于降低施工成本与时间耗费。 　　BIM 与虚拟现实技术集成应用,可提高模拟工作中的可交互性。在虚拟的三维场景中,可以实时地切换不同的施工单位案,在同一个观察点或同一个观察序列中感受不同的施工过程,有助于比较不同施工单位案的优势与不足,以确定最佳施工单位案。同时,还可以对某个特定的局部进行修改,并实时地与修改前的方案进行分析比较。此外,还可以直接观察整个施工过程的三维虚拟环境,快速查看到不合理或者错误之处,避免施工过程中的返工。 　　虚拟施工技术在建筑施工领域的应用将是一个必然趋势,在未来的设计、施工中的应用前景广阔,必将推动我国建筑施工行业迈入一个崭新的时代

续表

类别	内容
BIM 技术 与 3D 打印	3D 打印技术是一种快速成型技术,是以三维数字模型文件为基础,通过逐层打印或粉末熔铸的方式来构造物体的技术,综合了数字建模技术、机电控制技术、信息技术、材料科学与化学等方面的前沿技术。 　　BIM 与 3D 打印的集成应用,主要是在设计阶段利用 3D 打印机将 BIM 模型微缩打印出来,供方案展示、审查和进行模拟分析;在建造阶段采用 3D 打印机直接将 BIM 模型打印成实体构件和整体建筑,部分替代传统施工工艺来建造建筑。BIM 与 3D 打印的集成应用,可谓两种革命性技术的结合,为建筑从设计方案到实物的过程开辟了一条"高速公路",也为复杂构件的加工制作提供了更高效的方案。目前,BIM 与 3D 打印技术集成应用有三种模式:基于 BIM 的整体建筑 3D 打印、基于 BIM 和 3D 打印制作复杂构件、基于 BIM 和 3D 打印的施工单位案实物模型展示。 　　基于 BIM 的整体建筑 3D 打印。应用 BIM 进行建筑设计,将设计模型交付专用 3D 打印机,打印出整体建筑物。利用 3D 打印技术建造房屋,可有效降低人力成本,作业过程基本不产生扬尘和建筑垃圾,是一种绿色环保的工艺,在节能降耗和环境保护方面较传统工艺有非常明显的优势。 　　基于 BIM 和 3D 打印制作复杂构件。传统工艺制作复杂构件,受人为因素影响较大,精度和美观度不可避免地会产生偏差。而 3D 打印机由计算机操控,只要有数据支撑,便可将任何复杂的异型构件快速、精确地制造出来。BIM 与 3D 打印技术集成进行复杂构件制作,不再需要复杂的工艺、措施和模具,只需将构件的 BIM 模型发送到 3D 打印机,短时间内即可将复杂构件打印出来,缩短了加工周期,降低了成本,且精度非常高,可以保障复杂异型构件几何尺寸的准确性和实体质量。 　　基于 BIM 和 3D 打印的施工单位案实物模型展示。用 3D 打印制作的施工单位案微缩模型,可以辅助施工人员更为直观地理解方案内容,携带、展示不需要依赖计算机或其他硬件设备,还可以 360°全视角观察,克服了打印 3D 图片和三维视频角度单一的缺点。 　　随着各项技术的发展,现阶段 BIM 与 3D 打印技术集成存在的许多技术问题将会得到解决,3D 打印机和打印材料价格也会趋于合理,应用成本下降也会扩大 3D 打印技术的应用范围,提高施工行业的自动化水平。虽然在普通民用建筑大批量生产的效率和经济性方面,3D 打印建筑较工业化预制生产没有优势,但在个性化、小数量的建筑上,3D 打印的优势非常明显。随着个性化定制建筑市场的兴起,3D 打印建筑在这一领域的市场前景非常广阔
BIM 技术 与构件库	当前,设计行业正在进行着第二次技术变革,基于 BIM 理念的三维化设计已经被越来越多的设计院、施工企业和业主所接受,BIM 技术是解决建筑行业全生命周期管理,提高设计效率和设计质量的有效手段。住房和城乡建设部在《2011—2015 年建筑业信息化发展纲要》中明确提出在"十二五"期间将大力推广 BIM 技术等在建筑工程中的应用,国内外的 BIM 实践也证明,BIM 能够有效解决行业上下游之间的数据共享与协作问题。目前国内流行的建筑行业 BIM 类软件均是以搭积木方式实现建模,是以构件(比如 Revit 称之为"族"、PDMS 称之为"元件")为基础。含有 BIM 信息的构件不但可以为工业化制造、计算选型、快速建模、算量计价等提供支撑,也为后期运营维护提供必不可少的信息数据。信息化是工程建设行业发展的必然趋势,设备数据库如果能有效地和 BIM 设计软件、物联网等融合,无论是工程建设行业运作效率的提高,还是对设备厂商的设备推广,都会起到很大的促进作用。 　　BIM 设计时代已经到来,工程建设工业化是大势所趋,构件是建立 BIM 模型和实现工业化建造的基础,BIM 设计效率的提高取决于 BIM 构件库的完备水平,对这一重要知识资产的规范化管理和使用,是提高设计院设计效率,保障交付成果的规范性与完整性的重要方法。因此,高效的构件库管理系统是企业 BIM 化设计的必备利器

续表

类别	内容

BIM 技术与
装配式结构
	装配式建筑是用预制的构件在工地装配而成的建筑,是我国建筑结构发展的重要方向之一,它有利于我国建筑工业化的发展,提高生产效率节约能源,发展绿色环保建筑,并且有利于提高和保证建筑工程质量。与现浇施工法相比,装配式 RC 结构有利于绿色施工,因为装配式施工更能符合绿色施工的节地、节能、节材、节水和环境保护等要求,降低对环境的负面影响,包括降低噪声,防止扬尘,减少环境污染,清洁运输,减少场地干扰,节约水、电、材料等资源和能源,遵循可持续发展的原则。而且,装配式结构可以连续地按顺序完成工程的多个或全部工序,从而减少进场的工程机械种类和数量,缩短工序衔接的停闲时间,实现立体交叉作业,减少施工人员,从而提高工效、降低物料消耗、减少环境污染,为绿色施工提供保障。另外,装配式结构在较大程度上减少建筑垃圾(约占城市垃圾总量的30％～40％),如废钢筋、废铁丝、废竹木材、废弃混凝土等。
	    2013 年 1 月 1 日,国务院办公厅转发《绿色建筑行动方案》,明确提出将"推动建筑工业化"列为十大重要任务之一,同年 11 月 7 日,全国政协双周协商座谈会中建言"建筑产业化",这标志着推动建筑产业化发展已成为最高级别国家共识,也是国家首次将建筑产业化落实到政策扶持的有效举措。随着政府对建筑产业化的不断推进,建筑信息化水平低已经成为建筑产业化发展的制约因素,如何应用BIM 技术提高建筑产业信息化水平,推进建筑产业化向更高阶段发展,已经成为当前一个新的研究热点。
	    利用 BIM 技术能有效提高装配式建筑的生产效率和工程质量,将生产过程中的上下游企业联系起来,真正实现以信息化促进产业化。借助 BIM 技术三维模型的参数化设计,使得图纸生成、修改的效率有了很大幅度的提高,克服了传统拆分设计中的图纸量大,修改困难的难题;钢筋的参数化设计提高了钢筋设计精确性,加大了可施工性。加上时间进度的 4D 模拟,进行虚拟化施工,提高了现场施工管理的水平,缩短了施工工期,减少了图纸变更和施工现场的返工,节约了投资。因此,BIM 技术的使用能够为预制装配式建筑的生产提供有效帮助,使得装配式工程精细化这一特点更为容易体现,进而推动现代建筑产业化的发展,促进建筑业发展模式的转型

CHAPTER 2

第二章

BIM设计深化与数字加工应用

BIM 深化设计工作流程参考如图 2-1 所示。

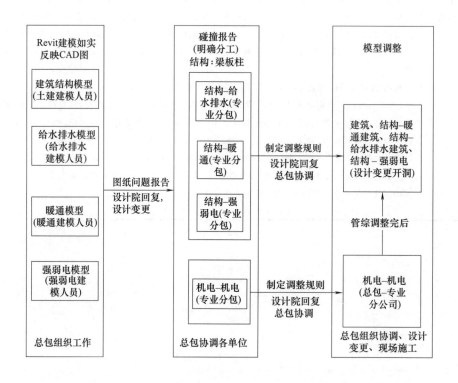

图 2-1 BIM 深化设计工作流程参考示意

第一节 土建结构深化设计及数字加工

基于 BIM 模型对土建结构部分，包括土建结构与门窗等构件、预留洞口、预埋件位置及各复杂部位等施工图纸进行深化，对关键复杂的墙板进行拆分，解决钢筋绑扎顺序问题，能够指导现场钢筋绑扎施工，减少在工程施工阶段可能存在的错误和降低返工的可能性。

某工程复杂墙板拆分如图 2-2 所示，某工程复杂节点深化设计如图 2-3 所示。

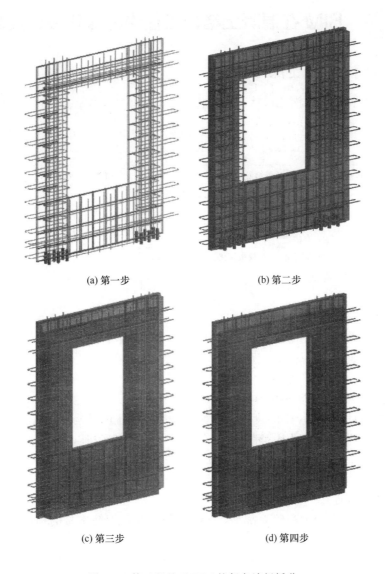

(a) 第一步　　　　　　　　　　(b) 第二步

(c) 第三步　　　　　　　　　　(d) 第四步

图 2-2　某工程基于 BIM 的复杂墙板拆分

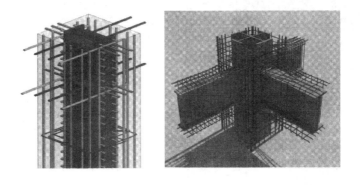

图 2-3　某工程角柱十字型钢及钢梁节点钢筋绑扎 BIM 模型

第二节　BIM 在混凝土结构工程中的深化设计及数字加工

一、BIM 钢筋混凝土深化设计

现浇混凝土结构工程的深化设计及后续相关工作如图 2-4 所示。

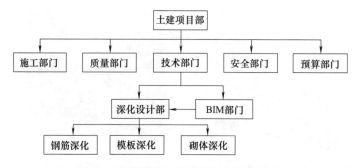

图 2-4　钢筋混凝土深化设计组织构架图

1. 基于 BIM 的钢筋工程深化设计

钢筋工程是钢筋混凝土结构施工工程中的一个关键环节，它是整个建筑工程中工程量计算的重点与难点。据统计，钢筋工程的计算量占总工程量的 50%～60%，其中列计算式的时间约占 50%左右。

（1）现浇钢筋混凝土深化设计　由于结构的形态日趋复杂，越来越多的工程节点处钢筋非常密集，施工难度比较大，同时不少设计采用型钢混凝土的结构形式，在本已密集的钢筋工程中加入了尺寸比较大的型钢，带来了新的矛盾。通常表现在以下几点。

① 型钢与箍筋之间的矛盾，大量的箍筋需要在型钢上留孔或焊接。

② 型钢柱与混凝土梁接头部位钢筋的连接形式较为复杂，需要通过焊接、架设牛腿或者贯通等方式来完成连接。

③ 多个构件相交之处钢筋较为密集，多层钢筋重叠，钢筋本身的标高控制及施工有着很大的难度。

采用 BIM 技术虽不能完全解决以上的矛盾，但是可以给施工单位提供一种很好的手段来与设计方进行交流，同时利用三维模型的直观性可以很好地模拟施工的工序，避免因为施工过程中的操作失误导致钢筋无法放置。

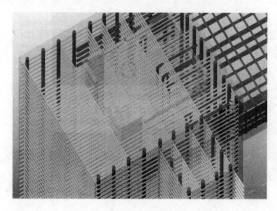

图 2-5　复杂节点钢筋效果表现

如图 2-5 所示案例，某工程采用劲性结构，其中箍筋为六肢箍，多穿型钢，且间距较小，施工难度较大，施工方采用 Tekla 软件将钢筋及其中的型钢构件模型建立出来，并标注详细的尺寸，以此为沟通工具与设计方沟通，取得了良好的效果。

（2）钢筋的数字化加工　对于复杂的现浇混凝土结构，除了由模板定位保证其几何形状正确以外，内部钢筋的绑扎和定位也是一项很大的挑战。

对于三维空间曲面的钢筋结构，传统方

式的钢筋加工机器已经无法生产出来，也无法用常规的二维图纸将其表示出来。必须采用 BIM 软件将三维钢筋模型建立出来，同时以合适的格式传递给相关的三维钢筋弯折机器，以顺利完成钢筋的加工。

2. 国外钢筋工程 BIM 深化成功案例

某国外大桥工程，有着复杂的锚缆结构，锚缆相当沉重，而且需要在混凝土浇捣前作为支撑，大量的钢筋放置在每个锚缆的旁边，如何确保锚缆和钢筋位置的准确并保证混凝土的顺利浇捣成为技术难点。BIM 技术的使用很好地解决了这些问题，如图 2-6 所示。

图 2-6　某大桥钢筋 BIM 模型的构件

同时，桥梁钢筋的建模比想象中困难许多，这种斜拉桥具有高密度的钢筋和复杂的桥面与桥墩形状，使建模比一般单纯的结构更加困难与费时。在普通的钢筋混凝土结构中，常规的梁、柱、墙、板等建筑构件都有充分的形状标准，可以用参数化的构件钢筋详图和配筋图加速建模的速度，桥梁元件则因为其曲率及独特的几何结构需要自定义建模。

施工总承包方使用 Tekla Structure 的 ASCII，Excel 和其他资料格式提供钢筋材料的数量计算。

对于桥梁 ASCII 报表资料，其被格式化成可以直接和自动导入到供应商的钢筋制造软件中，内含所有的弯曲和切割资料。软件在工厂生产时驱动 NC 机器，格式化是在软件商和承包商的共同支撑之下完成的，也避免了很多人为作业的潜在错误，如图 2-7 所示。

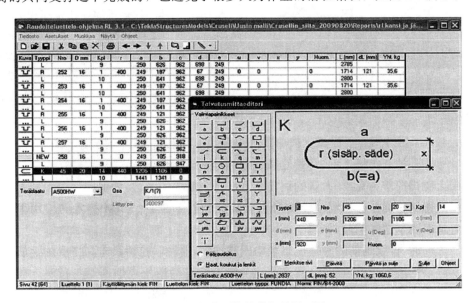

图 2-7　钢筋预算软件相关界面图

钢筋生产及数字加工操作流程如图 2-8 所示。

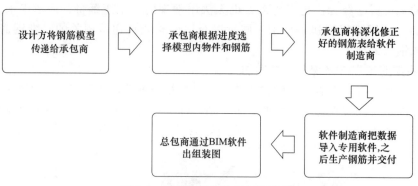

图 2-8　钢筋生产及数字加工流程

二、BIM 模板深化设计及数字化加工

1. BIM 模板深化设计

BIM 模板深化设计的基本流程为：基于建筑结构本身的 BIM 模型进行模板的深化设计—进行模板的 BIM 建模—调整深化设计—完成基于 BIM 的模板深化设计。如图 2-9 反映的是一个复杂的筒体结构，通过 BIM 模型反映出其错综复杂的楼板平面位置及相关的标高关系，并通过 BIM 模型导出了相关数据，传递给机械制造业的 Solidworks 等软件进行后续的模板深化工作，顺利完成了异型模板的深化设计及制造。

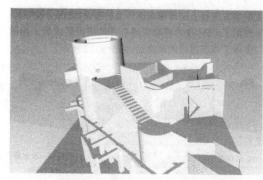

图 2-9　模板深化示意

对于混凝土结构而言，首先必须确保的就是模板排架的定位准确、搭设规范。只有在此基础上，再加强混凝土的振捣养护，才能确保现浇混凝土形状的准确。

以某排演厅工程为例（图 2-10），它是由一个马鞍形的混凝土排演厅及其他附属结构组成，其马鞍形排演厅建筑面积为 1544m²，为双层剪力墙及双层混凝土异型屋盖形式，其双墙的施工由于声学要求，其中不能保留模板结构，必须拆除，故而其模板体系的排布值得好好研究，同时其异型的混凝土屋盖模板排架的搭设也给常规施工带来了很大的难度。

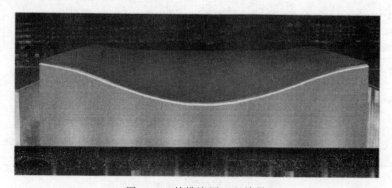

图 2-10　某排演厅工程效果

此项目的模板施工，充分利用了 BIM 软件具有完善的信息，能够很好地表现异型构件

的几何属性的特点，使用了 Revit、Rhino 等软件来辅助完成相关模板的定位及施工，尤其是充分地利用了 Rhino 中的参数化定位等功能精确地控制了现场施工的误差，并减少了现场施工的工作量，大大地提升了工作效率。

（1）底板双层模板及双层墙的搭设　底板模板为双层模板，施工中混凝土浇捣分为两次进行，首先浇捣下层混凝土，然后使用木方进行上层排架支撑体系的搭设，此部分模板将保留在混凝土中，项目部利用了 BIM 技术将底板模板排架搭设形式展示出来，进行了三维虚拟交底，提高了模板搭设的准确性，如图 2-11 所示。

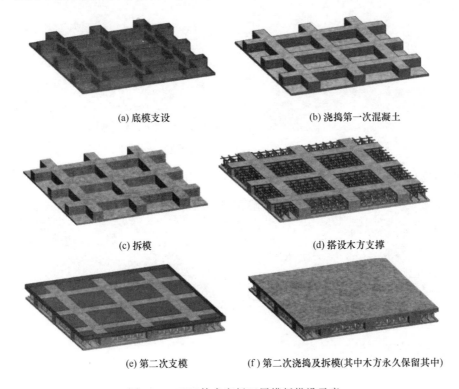

(a) 底模支设　　　　　　　　　　　　　　　(b) 浇捣第一次混凝土

(c) 拆模　　　　　　　　　　　　　　　(d) 搭设木方支撑

(e) 第二次支模　　　　　　　　　　　(f) 第二次浇捣及拆模(其中木方永久保留其中)

图 2-11　BIM 技术底板双层模板搭设示意

　　双墙体的施工要求更高，国外设计出于声学效果的考虑，不允许空腔内留有任何形式、任何材质的模板及支撑材料。项目部利用 BIM 工具并结合工作经验，对模板本身的设计及施工流程作了调整，用自行深化设计的模板排架支撑工具完成了双层墙体的施工（图 2-12）。

　　（2）顶部异型双曲面屋顶的施工　对于顶部异型双曲面混凝土屋面的施工，排架顶部标高是控制梁、板底面标高的重要依据。

　　此排演厅 A 排架顶部为双曲面马鞍形，在 7.000m 标高设置标高控制平面，由此平面为基准向上确定排架立杆长度（屋盖暗梁下方立杆适当

图 2-12　排演厅双墙模板施工

加密），预先采用 BIM 技术建立模型，并从模型中读取相关截面的标高数据，按此数据拟合曲率制作钢筋桁架模型，如图 2-13 所示。

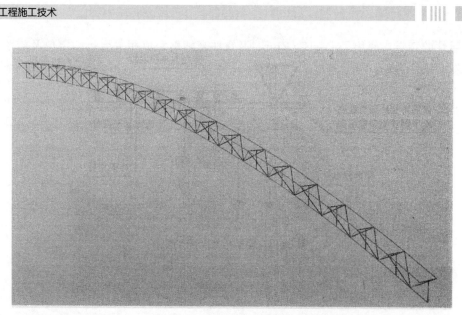

图 2-13　钢筋桁架的模型

同时现场试验制作了一榀钢筋桁架，测试桁架刚度能满足要求，如图 2-14 所示。

图 2-14　现场制作的钢筋桁架小样

该项目总共制作了 12 榀钢筋桁架（整个屋面的 1/4 部分），桁架底标高即为屋盖下方水平钢管顶面的定位标高，如图 2-15 所示。钢筋桁架安装布置图如图 2-16 所示。

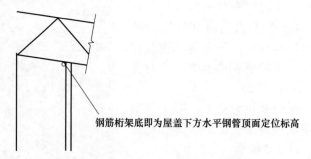

钢筋桁架底即为屋盖下方水平钢管顶面定位标高

图 2-15　板底水平钢管顶面定位标高

钢架采用塔吊吊装，如图 2-17 所示。

屋盖底面曲率定位时先确定桁架两头的标高（即最高点和最低点，桁架必须保证垂直），在桁架两端各焊接一根竖向短钢管，桁架安装时将短钢管与板底水平钢管用十字扣件连接，

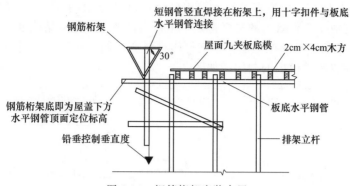

图 2-16　钢筋桁架安装布置

图 2-17　现场吊装钢筋桁架

并用铅垂线确定垂直度，遂逐一确定各水平横杆的标高及斜度。

2. 模板的数字化设计及加工

通过 BIM 技术可以有效地将模板的构造通过三维可视的模式细化出来，便于工人安装。同时定型钢模等相关模板可以通过相关计算机数字控制机床（computer numerical control，CNC）机器来完成定制模板的加工，首先由 BIM 模型确定模板的具体样式，再通过人工编程，确定 CNC 机器刀头的运行路径来完成模板的生成及切割，如图 2-18 所示。

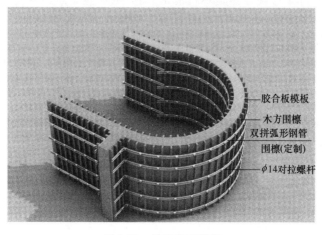

图 2-18　异型曲面模板

同时随着 3D 打印技术的发展，异型结构已经可以结合 3D 打印技术等先进的方式来完成相关的设计，这对于工作效率的提高将是一个更大的改进，同时精确度也将显著提高。

目前 3D 打印主要存在的瓶颈还在于其打印材料的限制，故可以采用如下流程，利用多次翻模的技术来完成相关模板的制作，如图 2-19 所示。

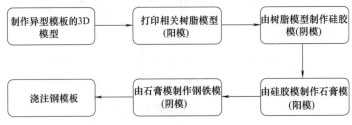

图 2-19　三维打印制作异型模板流程

第三节　混凝土预制构件

工业化建筑中应用大量的诸如预制混凝土墙板、预制混凝土楼板、预制混凝土楼梯等预制混凝土构件，这些预制构件的标准化、高效和精确生产是保证工业化建筑质量和品质的重要因素。从大量预制混凝土构件的生产经验来看，现有采用平面设计的预制构件深化设计和加工图纸具有不可视化的特点，加工中经常因图纸问题而出现偏差。

BIM 技术应用在产业化住宅预制混凝土构件的深化设计、生产加工等过程，能够提高预制构件设计、加工的效率和准确性，同时可以及时发现设计、加工中的偏差，便于在实际的生产中改进。

一、BIM 预制构件的数字化深化设计

预制构件的深化设计阶段是工业化建筑生产中非常重要的环节。由于预制混凝土构件是在工厂生产、运输到现场进行安装，构件设计和生产的精确度就决定了其现场安装的准确度，所以要进行预制构件设计的"深化"工作，其目的是为了保证每个构件到现场都能准确地安装，不发生"错、漏、碰、缺"。

一栋普通工业化建筑往往存在数千个预制构件，要保证每个预制构件到现场拼装不发生问题，靠人工进行校对和筛查显然是不可能的，但 BIM 技术可以很好地担负起这个责任，利用 BIM 模型，可以把可能发生在现场的冲突与碰撞在模型中进行事先消除。

深化设计人员通过使用 BIM 软件对建筑模型进行碰撞检测，不仅可以发现构件之间是否存在干涉和碰撞，还可以检测构件的预埋钢筋之间是否存在冲突和碰撞，根据碰撞检测的结果，可以调整和修改构件的设计并完成深化设计图纸。如图 2-20 所示的是利用 BIM 模型进行预制梁柱节点处的碰撞检测。

由于工业建筑工程预制构件数量多，建筑构件深化设计的出图量大，采用传统方法手工出图工作量相当大，而且若发生错误修改图纸也不可避免。

采用 BIM 技术建立的信息模型深化设计完成之后，可以借助软件进行智能出图和自动更新，对图纸的模板做相应定制后就能自动生成需要的深化设计图纸，整个出图过程无须人工干预，而且有别于传统 CAD 创建的数据孤立的二维图纸，一旦模型数据发生修改，与其关联的所有图纸都将自动更新。

图纸能精确表达构件相关钢筋的构造布置，各种钢筋弯起的做法、钢筋的用量等可直接

图 2-20 利用 BIM 模型进行预制梁柱节点处的碰撞检测

用于预制构件的生产。例如，一栋三层的住宅楼工程，建筑面积为 1000m²，从模型建好到全部深化图纸出图完成只需 8d 时间，通过 BIM 技术的深化设计减少了深化设计的工作量，避免了人工出图可能出现的错误，大大提高了出图效率。

例如某工程采用预制装配式框架结构体系，建筑面积为 1008m²，建筑高度为 14.1m，地上 3 层（即实际建筑的首层、标准层和顶层部分），梁柱节点现浇，楼板是预制现浇叠合，其他构件工厂预制，预制率达到 70% 以上。该工程的建设采用 BIM 技术进行了深化设计。该住宅楼共有预制构件 371 个，其中外墙板 59 块，柱 78 根，主、次梁共计 142 根，楼板（预制现浇叠合板，含阳台板）86 块，预制楼梯 6 块，利用传统 Tekla Structures 中自带的参数化节点无法满足建筑的深化设计要求，所有构件独立配筋，人工修改的工作量很大。

为提高工作效率，建设团队对 Tekla 进行二次开发，除一些现浇构件外，把标准的预制构件都做成参数化的形式（图 2-21）。

通过参数化建模极大地提高了工作效率，

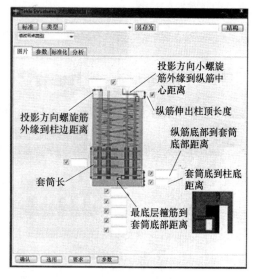

图 2-21 预制柱的参数化界面

典型的如外墙板，在不考虑相关预埋件的情况下配筋分两种情况，即标准平板配筋和开口配筋，其中开口分为开口平板和开口 L 形板片两种，开口平板的窗口又有三种类型，女儿墙也有 L 形板片和标准板片两种，若干类型组合起来进行手动配筋相当烦琐，经过对比考虑将外墙板做成 3 种参数化构件，分别对应标准平板、开口墙板和女儿墙，这样就能满足所有墙板的配筋要求。

经过实践统计，如果手动配筋，所有墙板修改完成最快也需要两个人一周的时间，而通过参数化的方式，建筑整体结构模型搭建起来只需一个人 2d 的时间，大大提高了深化设计的效率。

二、BIM 预制构件信息模型建立

预制构件信息模型的建立是后续预制构件模具设计、预制构件加工和运输模拟的基础，其准确性和精度直接影响最终产品的制造精度和安装精度。

在预制构件深化设计的基础上，我们可以借助 Solidworks 软件、Autodesk Revit 系列软件和 Tekla BIMsight 系列软件等建立每种类型的预制构件的 BIM 模型（图 2-22），这些模型中包括钢筋、预埋件、装饰面、窗框位置等重要信息，用于后续模具的制作和构件的加工工序，该模型经过深化设计阶段的拼装和碰撞检查，能够保证其准确性和精度要求。

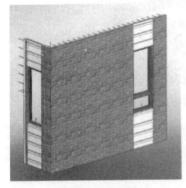
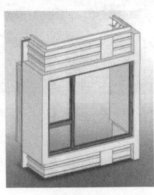
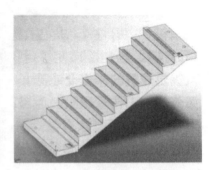

(a) 预制墙板(面砖装饰)   (b) 带窗框预制墙板   (c) 预制楼梯

图 2-22　预制构件的 BIM 模型

三、BIM 预制构件模具的数字化设计

预制构件模具的精度是决定预制构件制造精度的重要因素，采用 BIM 技术的预制构件模具的数字化设计，是在建好的预制构件的 BIM 模型基础上进行外围模具的设计，最大限度地保证了预制构件模具的精度。图 2-23～图 2-26 是常见工业化建筑预制构件模具的数字化设计图。

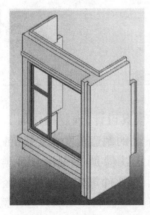
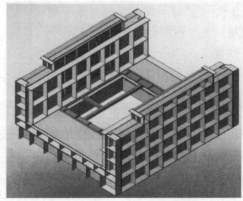

图 2-23　窗外墙挂板构件

在建好的预制构件模具的 BIM 模型基础上，可以对模具各个零部件进行结构分析及强度校核，从而合理设计模具结构。图 2-27 为预制墙板模具中底模、端模零部件的拆分，用于进行后续的结构和强度验算。

BIM 技术的预制构件模具设计的另一大优势是可以在虚拟的环境中模拟预制构件模具的拆装顺序及其合理性，以便在设计阶段进行模具的优化，使模具的拆装最大限度地满足实际施工的需要，如图 2-28 所示。

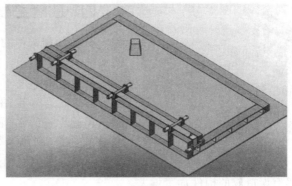

图 2-24   无窗外墙挂板构件模具及阳台板模具

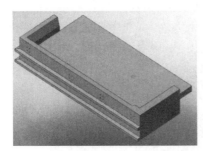
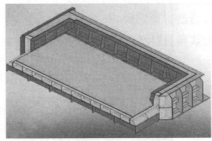

图 2-25   阳台板构件模具

图 2-26   楼梯板构件及模具

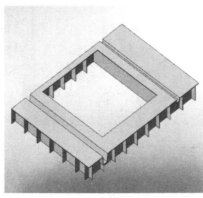

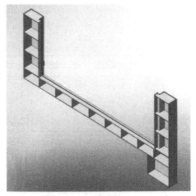

(a) 底模   (b) 端模

图 2-27   预制墙板模具局部零部件的拆分

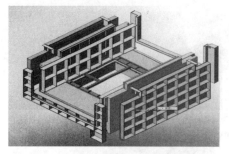

图 2-28 预制墙板模具的拆装模拟

四、BIM 预制构件的数字化加工

BIM 预制构件的数字化加工基于上述建立的预制构件的信息模型，以预制凸窗板构件为例，由于该模型中包含了尺寸、窗框位置、预埋件位置及钢筋等信息，通过视图转化可以导出该构件的三视图，类似传统的平面 CAD 图纸，如图 2-29 所示，但由于三维模型的存在，使得该图纸的可视化程度大大提高，工人按图加工的难度降低，这可大大减少因图纸理解有误造成的构件加工偏差。

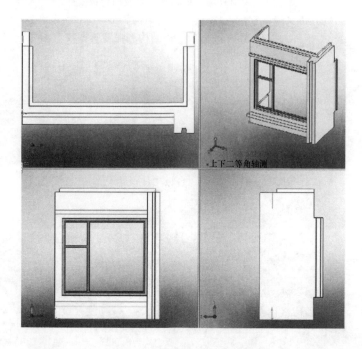

图 2-29 预制墙板加工图纸

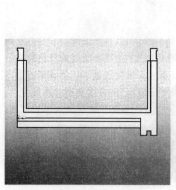

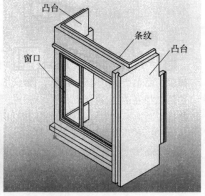

图 2-30 预制凸窗板构件模型

还可以根据 BIM 预制构件信息模型来确定混凝土浇捣方式，以预制凸窗板构件为例，根据此构件的结构特征，墙板中间带窗，构件两侧带有凸台，构件边缘带有条纹，通过合理分析，此构件采用窗口向下、凸台向上的浇捣方式，如图 2-30 所示。

五、BIM 预制构件的模拟运输

BIM 基于预制构件信息模型中的构件尺寸信息和重量信息，可以实现电脑中对预制构件运输的模拟，可以模拟出最优的运输方案，最大限度地满足预制构件运输的能力。图 2-31和图 2-32 显示了预制墙板构件运输的模拟和实际运输过程的情况。

图 2-31　BIM 预制构件运输的模拟

图 2-32　BIM 预制构件运输的实况

第四节　BIM 钢结构工程深化设计及数字化加工

一、BIM 钢结构工程深化设计

钢结构 BIM 三维实体建模出图深化设计的过程，其本质就是进行电脑预拼装、实现"所见即所得"的过程。首先，所有的杆件、节点连接、螺栓焊缝、混凝土梁柱等信息都通过三维实体建模进入整体模型，该三维实体模型与以后实际建造的建筑完全一致；其次，所有加工详图（包括布置图、构件图、零件图等）均是利用三视图原理投影生成，图纸中所有尺寸，包括杆件长度、断面尺寸、杆件相交角度等均是从三维实体模型上直接投影产生的。

三维实体建模出图深化设计的过程，基本可分为四个阶段，具体流程如图 2-33 所示，每一个深化设计阶段都将有校对人员参与，实施过程控制，由校对人员审核通过后才能出图，并进行下一阶段的工作。

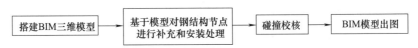

图 2-33　钢结构深化设计流程示意图

① 根据结构施工图建立轴线布置和搭建杆件实体模型。导入 AutoCAD 中的单线布置，并进行相应的校核和检查，保证两套软件设计出来的构件数据理论上完全吻合，从而确保了构件定位和拼装的精度。创建轴线系统及创建、选定工程中所要用到的截面类型、几何参数。

② 根据设计院图纸对模型中的杆件连接节点、构造、加工和安装工艺细节进行安装和处理。在整体模型建立后，需要对每个节点进行装配，结合工厂制作条件、运输条件，考虑

现场拼装、安装方案及土建条件。

③ 对搭建的模型进行"碰撞校核"，并由审核人员进行整体校核、审查。所有连接节点装配完成之后，运用"碰撞校核"功能进行所有细微的碰撞校核。

④ BIM 模型出图。

某工程 BIM 钢结构深化设计如图 2-34～图 2-36 所示。

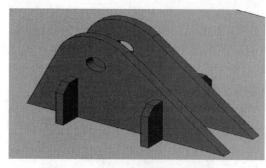

图 2-34　耳板族

又如上海世博会，某展馆的垂直承重结构由钢材制成。正面由窄体元件组成，在现场进行组装。

水平结构由木质框架元件组成，地板则由小板块拼成。内部使用木板铺面。外部正面使用富有现代气息的鳞状花纹纸塑复合板，这是一种工业再生产品。

中庭墙壁以及二层的一些墙壁由织物覆盖，并用透明织物覆盖中庭。楼梯和电梯为独立元件。全部建筑元件在进行制造的时候，就必须保证建筑建成后能被分解和再组装。

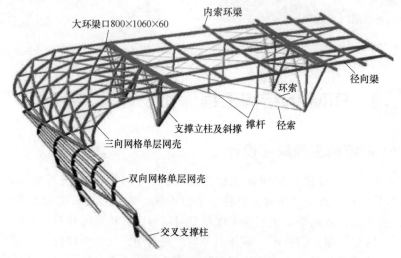

图 2-35　某体育场结构剖面图

此工程采用了三维深化设计软件，把复杂纷乱的连接节点以三维的形式呈现出来，显示出所有构件之间的相互关系，通过这样的设计手段，保证了异型空间结构的三维设计，提高了工作效率和空间定位的准确性，如图 2-37 和图 2-38 所示。

又如某工程钢网架支座节点深化设计 BIM 模型如图 2-39 所示，基于 BIM 模型自动生成的施工图纸如图 2-40 所示。

完成的钢结构深化图在理论上是没有误差的，可以保证钢构件精度达到理想状态。统计选定构件的用钢量，并按照构件类别、材质、构件长度进行归并和排序，同时还输出构件数量、单重、总重及表面积等统计信息。

通过 3D 建模的前三个阶段，我们可以清楚地看到钢结构深化设计的过程就是参数化建模的过程，输入的参数作为函数自变量（包括杆件的尺寸、材质、坐标点、螺栓、焊缝形式、成本等）及通过一系列函数计算而成的信息和模型一起被存储起来，形成了模型数据库集，而第四个阶段正是通过数据库集输出形成的结果。可视化的模型和可结构化的参数数据库，构成了钢结构 BIM，我们可以通过变更参数的方式方便地修改杆件的属性，也可以通

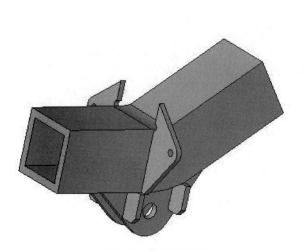

图 2-36   复杂节点图

图 2-37   梁柱节点

图 2-38   结构系统

(a) 支座节点深化建模

(b) 支托节点深化建模

图 2-39   网架支座节点深化设计模型

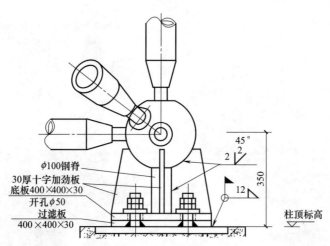

$\phi100$钢脊
30厚十字加劲板
底板400×400×30
开孔$\phi50$
过滤板
400×400×30

柱顶标高

图 2-40　BIM 模型生成网架支座深化设计施工图

过输出一系列标准格式（如 IFC、XML、IGS、DSTV 等），与其他专业的 BIM 进行协同，更为重要的是成为钢结构制作企业的生产和管理数据源。

采用 BIM 技术对钢网架复杂节点进行深化设计，提前对重要部位的安装进行动态展示、施工方案预演和比选，实现三维指导施工，从而更加直观化地传递施工意图，避免二次返工。

深化设计的数据需要为后续加工和虚拟拼装服务，包括的内容见表 2-1。

表 2-1　深化设计内容

类别	内容
标准化编号	所有构件在三维建模时会被赋予一个固定的 ID 识别号，这个号码在整个系统中是唯一的，它可以被电子设备识别。但是在这个过程中也不可避免地需要加入工程师的活动，那么就需要编列同时便于人识别的构件编号。通过构件的编号可以让工程师快速找到该构件所在的位置或者相邻构件的识别信息。编号系统必须通过数字和英文字母的组合表述出以下内容（根据实际情况取舍）： ①建筑区块； ②轴线位置； ③高程区域； ④结构类型（主结构、次结构、临时连接等）； ⑤构件类型（梁、柱、支撑等）。 例如某工程复杂的单片网壳结构使深化设计、构件加工和拼接安装都面临严峻的考验。首当其冲的就是编号系统的建立，方便识别的编号将有助于优化生产计划和拼装安排，从而提高施工的效率。 "细胞墙"结构中的钢构件分为两类：节点和杆件。节点的编号由三部分构成：高程、类型和轴线。整个工程以"m"为单位划分高程，每个节点所在高度的整数位作为编号的第一部分；而节点的类型分为普通、边界和特殊，分别对应"N""S"和"SP"，加入第二部分；整个弧形墙沿着弧面设置竖向轴线，节点靠近的轴线编号就作为节点编号的第三部分。建立了这样的编号系统，所有参与的工程师都能够快速找到指定节点所在的位置，甚至不必去翻阅布置展开图。杆件的编号系统就可以相对简单一些：直接串联两边节点编号。通过杆件上的编号，既能够知道两边节点是哪两个，又可以通过节点编号辨别杆件的位置，如图 2-41 所示
关键坐标数据记录	虽说经过三维建模已经可以明确所有构件的空间关系，但是如果能在构件信息列表里加入控制点理论坐标，则既便于工程师快速识别，又能够辅助后续工作。坐标点的选取应根据实际情况的需要而确定，例如，规则的梁和柱往往只需要记录端部截面中点即可，而复杂节点就比较适合选择与其他构件接触面上的点。这些坐标数据需要被有规则地排列以便于调取
数据平台架设	BIM 应用与深化设计的融合不单是建立模型和数据应用，还需要在管理上体现融合的优势。建立一个数据平台，这个数据平台不仅要作为文件存储的服务器，也要为团队协作和参与单位交流提供服务。所有数据和文件的发布、更新都要第一时间让所有相关人员了解

二、BIM 钢结构工程数字化加工

1. 铸钢节点

首先，将各不相同的铸钢节点按一定的截面规格分解成标准模块，然后将标准模块按最终形状组合成模，再加以浇铸成型。这种方式创造性地改变了对应不同形式节点需加工不同模型的思路，可大大节省模型制作时间及费用，非常适合类似地下空间自然采光结构这种具有一定量化且又不尽一致的铸钢节点。

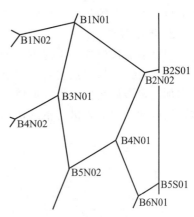

图 2-41　节点编号示意

其次，采用高密度泡沫塑料压铸成标准模块，利用机器人技术进行数控切割和数控定位组合成模，大大提高了模型的制作加工精度及效率，如图 2-42 和图 2-43 所示。

图 2-42　泡沫塑料块

图 2-43　机器人数控切割

最后，采用熔模精铸工艺（消失模技术），提高铸件尺寸精度和表面质量。一般的砂型铸造工艺无论尺寸精度还是表面质量都达不到地下空间自然采光结构要求，且节点形状复杂，难于进行全面机械加工，选择熔模精密铸造工艺铸造节点示例，如图 2-44 和图 2-45 所示。

图 2-44　节点泡沫塑料模型

图 2-45　铸钢节点

钢结构实心铸钢节点各不相同，如采用传统的模型制作工艺，需加工相同数量的模型，每个模型都先需要制作一副铝模再压制成蜡模或塑料模型，通常每副铝模制作周期大约为 2 个星期，且只能使用一次，光模型制作时间对工程进度来说就是相当大的制约，无法满足施工要求。如采用组合成模技术，按不同截面划分 12 种形式，则可节省模具数量和费用，时间上也会大大节约。

2. 焊接节点

焊接节点按照加工工艺主要分为两类：散板拼接焊接节点和整板弯扭组合焊接节点。

散板拼接焊接节点主要是将节点分散为中心柱体和四周牛腿两大部分，如图2-46所示，分别加工，最后组拼并焊接形成整体。首先将节点的每个牛腿按照截面特性做成矩形空心块体，然后利用机器人进行精确切割，形成基础组拼件。

 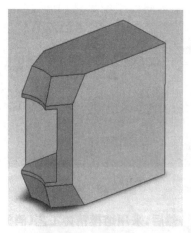

(a) 节点散件示意   (b) 加工过的节点牛腿

图2-46　散板拼接焊接节点

在完成了节点所有基础组拼件的加工后，即需要组拼并焊接，形成完整节点。如图2-47所示，焊接主要分为两个步骤：打底焊以及后期填焊。整个过程必须保证焊接的连续性和均匀性。整板弯扭组合焊接主要是将节点的上下翼缘板分别作为一个整体，利用有关机械进行弯扭以保证端部能够达到设计要求的位置，之后再将节点的腹板和构造板件组合进行整体焊接。

在完成节点的制作过程以后需要对节点的端面进行机加工处理。地下空间自然采光结构作为曲面、异型精细钢结构，其加工精度较之常规钢结构来说要求更高，尤其是节点牛腿各端面，其精度将直接影响到安装的精确性。这一指标需要作为重点内容控制。

（1）节点在组装、焊接、机加工与三坐标检测时采用统一基准孔和面，在加工过程中应保护基准面与孔不损坏。

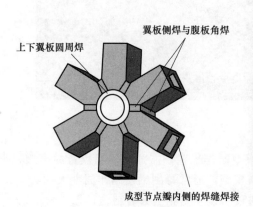 

图2-47　节点焊缝示意图   图2-48　端面加工专用机床

（2）节点端面机加工在专用机床进行，在加工前仔细对节点编号与加工数据编号进行校核，核对准确后按节点加工顺序示意图规定加工。如采用五轴数控机床，其经济性和加工周期难以保证，因而采用设计的专用机床，既保证了加工精度，加工周期也得到了保障，如图 2-48 所示。

钢结构工程中，加工过程实现数字化精密加工，成本会逐渐下降，以后 BIM 与数字化加工的整合也将普及。

第五节　BIM 在机电设备工程中的深化设计及数字化加工中的应用

一、BIM 机电设备安装深化设计

（1）机电管线全方位冲突碰撞检测　利用 BIM 技术建立三维可视化的模型，在碰撞发生处可以实时变换角度进行全方位、多角度的观察，便于讨论修改，这是提高工作效率的一大突破。BIM 使各专业在统一的建筑模型平台上进行修改，各专业的调整实时显现，实时反馈。

BIM 技术应用下的任何修改优点体现在：其一，能最大限度地发挥 BIM 所具备的参数化联动特点，可从参数信息到形状信息各方面同步修改；其二，无改图或重新绘图的工作步骤，更改完成后的模型可以根据需要来生成平面图、剖面图以及立面图。与传统利用二维方式绘制施工图相比，在效率上的巨大差异一目了然。为避免各专业管线碰撞问题，提高碰撞检测工作效率，推荐采用图 2-49 所示的流程实施。

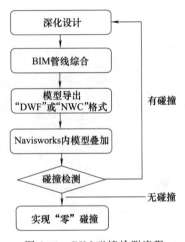

图 2-49　BIM 碰撞检测流程

① 将综合模型按不同专业分别导出。模型导出格式为 DWF 或 NWC 的文件。

② 在 Navisworks 软件里面将各专业模型叠加成综合管线模型进行碰撞检测，如图 2-50 所示为某工程 BIM 机电综合管线碰撞检测。

③ 根据碰撞结果回到 Revit 软件里对模型进行调整。

④ 将调整后的结果反馈给深化设计员；深化设计员调整深化设计图，然后将图纸返回给 BIM 设计员；最后 BIM 设计员将三维模型按深化设计图进行调整和碰撞检测。

如此反复，直至碰撞检测结果为"零"碰撞为止。如图 2-51 所示为某工程 BIM 机电综合管线调整至"零"碰撞后的模型。

全方位碰撞检测时首先进行的应该是机电各专业与建筑结构之间的碰撞检测，在确保机电与建筑结构之间无碰撞之后再对模型进行综合机电管线间的碰撞检测。同时，根据碰撞检测结果对原设计进行综合管线调整，对碰撞检测过程中可能出现的误判，人工对报告进行审核调整，进而得出修改意见。

可以说，各专业间的碰撞交叉是深化设计阶段中无法避免的一个问题，但运用 BIM 技术则可以通过将各专业模型汇总到一起之后利用碰撞检测的功能，快速检测到并提示空间某一点的碰撞，同时以高亮做出显示，便于设计师快速定位和调整管路，从而极大地提高工作效率。

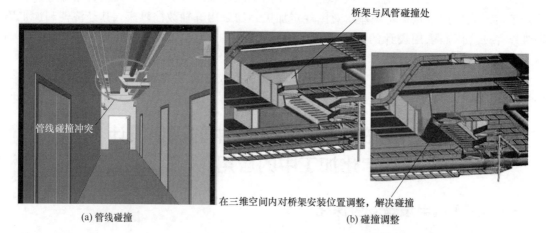

（a）管线碰撞　　　　　　　　　　　　　　　　（b）碰撞调整

图 2-50　工程项目中的 BIM 机电综合管线碰撞检测

图 2-51　某工程 BIM 机电综合线管调整"零"碰撞后的模型

又如某改造工程中，通过管线与基础模型的碰撞检查，发现梁与管线处有上百处的碰撞。在图 2-52 中，四根风管排放时只考虑到 300mm×750mm 的混凝土梁，将风管贴梁底排布，但没有考虑到旁边 400mm×1200mm 的大梁，从而使得风管经过大梁处发生碰撞。通过调整，将四根风管下调，将喷淋主管贴梁底敷设，不仅解决了风管撞梁问题，还解决了喷淋管道的布留摆放问题。

该项目待完成机电与建筑结构的冲突检查及修改后，利用 Navisworks 碰撞检测软件完成管线的碰撞检测，并根据碰撞的情况在 Revit 软件中进行一一调整和解决。

一般根据以下原则解决碰撞问题：小管让大管、有压管让无压管、电气管在水管上方、风管尽量贴梁底、充分利用梁内空间、冷水管道避让热水管道、附件少的管道避让附件多的管道、给水管在上排水管在下等。

同时也须注意有安装坡度要求的管路，如除尘、蒸汽及冷凝水管路，最后综合考虑疏水器、固定支架的安装位置和数量应该满足规模要求和实际情况的需求，通过对管道的修改消除碰撞点。

调整完成之后会对模型进行第二次的检测，如有碰撞则继续进行修改，如此反复，直至

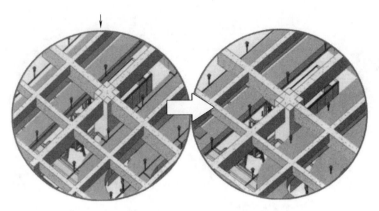

图 2-52 某工程机电综合管线与结构冲突检查调整前后对比图

最终检测结果为"零"碰撞，如图 2-53 所示。

(a) 冲突检查调整前

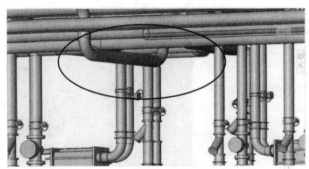

(b) 冲突检查调整后

图 2-53 某工程机电综合管线间冲突检查调整前后对比图

BIM 技术的应用在碰撞检测中起到了重大作用，其在机电深化碰撞检测中的优越性主要见表 2-2。

表 2-2 碰撞检测工作应用 BIM 技术前后对比

项目	工作方式	影响	调整后工作量
传统碰撞检测工作	各专业反复讨论、修改、再讨论，耗时较长	调整工作对同步操作要求高，牵一发动全身——工程进度因重复劳动而受拖延，效率低下	重新绘制各部分图纸（平、立、剖面图）
BIM 技术下的碰撞检测工作	在模型中直接对碰撞实时调整	简化异步操作中的协调问题，模型实时调整，统一、即时显现	利用模型按需生成图纸，无须进行绘制步骤

（2）方案对比 利用 BIM 软件可进行方案对比，通过不同的方案对比，选择最优的管线排布方式。图 2-54 中，方案一中管道弯头比较多，布置略显凌乱，相比较而言，方案二中管道布置比较合理，阻力较小，是最优的管线布置方式。若最优方案与深化设计图有出入，则可与深化设计人员进行沟通，修改深化设计图。

（3）空间合理布留 管线综合是一项技术性较强的工作，不仅可利用它来解决碰撞问题，同时也能考虑到系统的合理性和优化问题。当多专业系统综合后，个别系统的设备参数不足以满足运行要求时，可及时作出修正，对于设计中可以优化的地方也可尽量完善。

图 2-55 是提升冷冻机房净高的对比，图中通过空间优化手段，将原来净高 3100mm 提

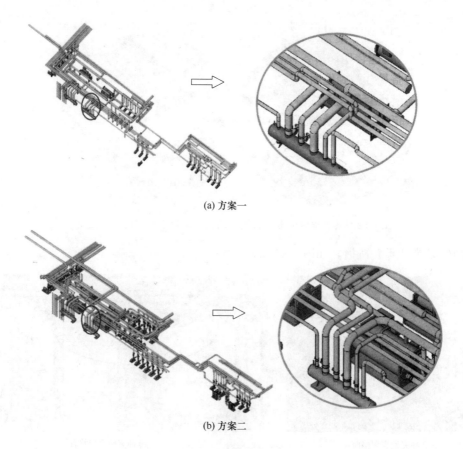

(a) 方案一

(b) 方案二

图 2-54　不同方案的对比

升到 3450mm。最终，冷冻机房不仅实现零碰撞，通过 BIM 空间优化后还使得空间得到提升。在一般的深化过程中只对管线较为复杂的地方绘制剖面，但对于部分未剖切到的地方，是否能够保证局部吊顶高度？是否考虑到操作空间？这些都是深化设计人员应考虑的问题。

空间优化、合理布留的策略是在不影响原管线机能及施工可行性的前提下，将机电管线进行适当调整。这类空间优化正是通过 BIM 技术应用中的可视化设计实现的。深化设计人员可以任意角度查看模型中的任意位置，呈现三维实际情况，弥补个人空间想象力及设计经验的不足，保证各深化设计区域的可行性和合理性，而这些在二维的平面图上是很难实现的。

（4）精确留洞位置　凭借 BIM 技术三维可视化的特点，BIM 能够直观地表达出需要留洞的具体位置，不仅不容易遗漏，还能做到精确定位，可有效解决深化设计人员出留洞图时的诸多问题。同时，出图质量的提高也省去了修改图纸返工的时间，大大提高深化出图效率。

利用 BIM 技术可以巧妙地运用 Navisworks 的碰撞检测功能，不仅能发现管线和管线间的碰撞点，还能利用这点快速、准确地找出需要留洞的地方。图 2-56 为上海某超高层项目工程 BIM 机电模型，在该项目中，BIM 技术人员通过碰撞检测功能确定留洞位置，此种方法的好处在于，不用一个一个在 Revit 软件中找寻留洞处，而是根据软件碰撞结果，快速、准确地找到需要留洞区域，解决漏留、错留、乱留的问题，有效辅助了深化设计人员出图，提高了出图质量，省去了大量修改图纸的时间，提高了深化出图效率。图 2-57 为按 BIM 模型精确定位后所出的深化留洞图。

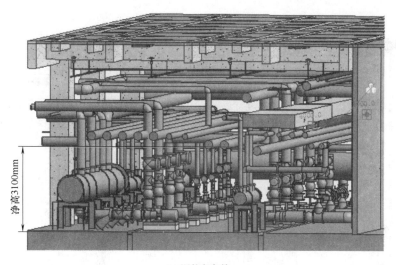

(a) 调整方案前

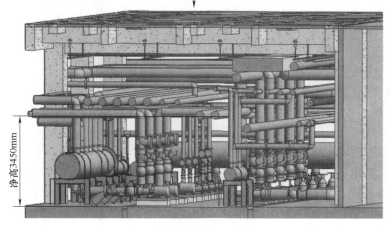

(b) 调整方案后

图 2-55　空间调整方案前后对比

图 2-56　某超高层项目工程 Navisworks 中 BIM 机电模型

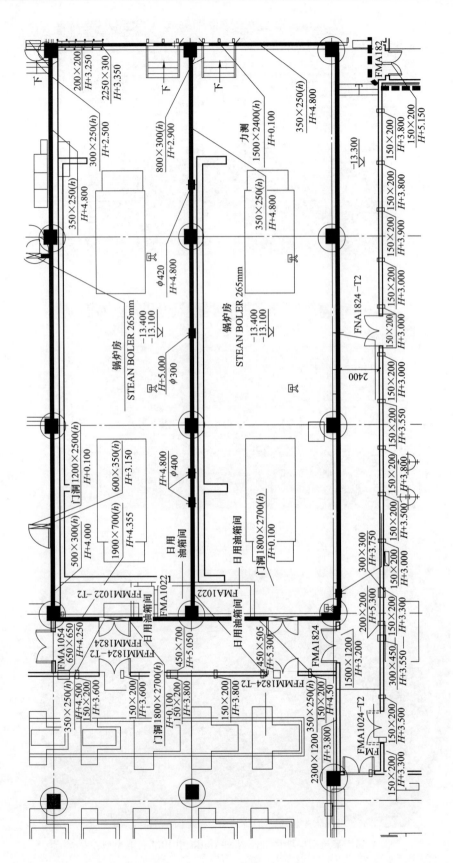

图 2-57 某超高层项目工程 BIM 模型精确定位留洞图

（5）精确支架布留预埋位置　在机电深化设计中，支架预埋布留是极为重要的一部分。首先，在管线情况较为复杂的地方，经常会存在支架摆放困难、无法安装的问题。对于剖面未剖到的地方，支架是否能够合理安装，符合吊顶标高要求，满足美观、整齐的施工要求就显得尤为重要。其次，从施工角度而言，部分支架在土建阶段就需在楼板上预埋钢板，如冷冻机房等管线较多的地方，支架为了承受管线的重量需在楼板进行预埋，但在对机电管线未仔细考虑的情况下，具体位置无法控制定位，现在普遍采用"盲打式"预埋法，在一个区域的楼板上均布预留。其中存在着如下几个问题。

① 支架并没有为机电管线量身定造，支架布留无法保证100％成功安装。

② 预埋钢板利用率较低，管线未经过的地方的预埋钢板会造成大量浪费。

③ 对于局部特殊要求的区域可变性较小，容易造成无法满足安装或吊顶要求的现象。

针对以上几个问题，BIM模型可以模拟出支架的布留方案，在模型中就可以提前模拟出施工现场可能会遇到的问题，对支架具体的布留摆放位置给予准确定位。

特别是剖面未剖到、未考虑到的地方，在模型中都可以形象具体地进行表达，确保100％能够满足布留及吊顶高度要求。同时，按照各专业设计图纸、施工验收规范、标准图集要求，可以正确选用支架形式、控制间距、确定布置及拱顶方式。

对于大型设备、大规格管道、重点施工部分进行应力、力矩验算，包括支架的规格、长度，固定端做法，采用的膨胀螺栓规格，预埋件尺寸及预埋件具体位置，这些都能够通过BIM模型直观反映，通过模型模拟使得出图图纸更加精细。

例如某项目中，需要进行支架、托架安装的地方很多，结合各个专业的安装需求，通过BIM模型直观反映出支架及预埋的具体位置及施工效果，尤其对于管线密集、结构突兀、标高较低的地方，通过支架两头定位、中间补全的设计方式辅助深化出图，模拟模型，为深化的修改提供了良好依据，使得深化出图图纸更加精细。

（6）精装图纸可视化模拟　在BIM模型中，不仅可以反映管线布留的关系，还能模拟精装吊顶，吊顶装饰图也可根据模型出图。

在模型调整完成后，BIM设计人员可赶赴现场实地勘查，对现场实际施工进度和情况与所建模型进行详细比对，并将模型调整后的排列布局与施工人员讨论协调，充分听取施工人员的意见后确定模型的最终排布。

一旦系统管线或末端有任何修改，都可以及时反映在模型中，及时模拟出精装效果，在灯具、风口、喷淋头、探头、检修口等设施的选型与平面设置时，除满足功能要求外，还可兼顾精装修方面的选材与设计理念，力求达到功能和装修效果的完美统一。

图2-58和图2-59所示为某项目的站台精装模拟图和管道模拟图，通过调整模型和现场勘查比对，做到了在准确反映现场真实施工进度的基础上合理布局，达到空间利用率最大化的要求；在满足施工规范的前提下兼顾业主实际需求，实现了使用功能和布局美观的完美结合，最终演绎了"布局合理、操作简便、维修方便"的理想效果。

二、BIM机电设备安装工程数字化加工

1. 机电设备安装数字化加工流程

BIM技术下的预制加工作用体现在通过利用精确的BIM模型作为预制加工设计的基础模型，在提高预制加工精度的同时，减少现场测绘工作量，为加快施工进度、提高施工质量提供有力保证。

管道数字化加工预先将施工所需的管材、壁厚、类型等参数输入BIM设计模型中，再

图 2-58　某站台 BIM 可视化精装模拟

图 2-59　某站台 BIM 可视化管道模拟

将模型根据现场实际情况进行调整，待模型调整到与现场一致的时候再将管材、壁厚、类型和长度等信息导成一张完成的预制加工图，将图纸送到工厂进行管道的预制加工，实际施工时将预制好的管道送到现场安装。因此，数字化加工前对 BIM 模型的准确性和信息的完整性提出了较高的要求，模型的准确性决定了数字化加工的精确程度，主要工作流程如图2-60所示。

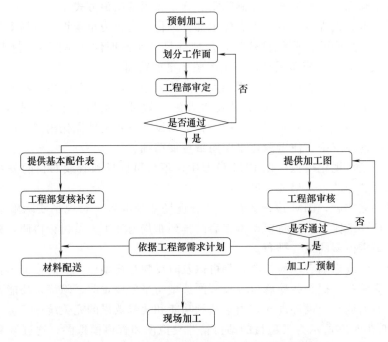

图 2-60　BIM 机电设备安装数字化加工协作流程

由图 2-60 可以发现，数字化加工需由项目 BIM 深化技术团队、现场项目部及预制厂商在准备阶段共同参与讨论，根据业主、施工要求及现场实际情况确定优化和预制方案，将模型根据现场实际情况及方案进行调整，待模型调整到与现场一致时再将管材、壁厚、类型和长度等信息导出为预制加工图，交由厂商进行生产加工。其考虑及准备的内容不应仅仅是 BIM 管道、管线等主体部分的预制，还包括预制所需的配件，并要求按照规范提供基本配件表。

同时，无论加工图还是基本配件表均需通过工程部审核、复核及补充，并根据工程部的需求计划进行数字化加工，才能够有效实现将 BIM 和工程部计划相结合。

待整体方案确定后制作一个合理、完整又与现场高度一致的 BIM 模型，把它导入预制加工软件中，通过必要的数据转换、机械设计以及归类标注等工作，实现把 BIM 模型转换为数字化加工设计图纸，指导工厂生产加工。

管道预制过程的输入端是管道安装的设计图纸，输出端是预制成型的管段，最后交付给安装现场进行组装。

如某项目，由于场地非常狭窄，各系统大量采用工厂化预制，为了加快进度和提高管道的预制精度，该项目在 BIM 模型数据综合平衡的基础上，为各专业提供了精确的预制加工图。项目中采用了 Inventor 软件作为数字化加工的应用软件，成功实现将三维模型导入到软件中制作成数字化预制加工图。具体过程如下所示。

① 将 Revit 模型导入 Inventor 软件中。

② 根据组装顺序在模型中对所有管道进行编号，并将编号结果与管道长度编辑成表格形式。编号时在总管和支管连接处设置一段调整段，以便调整机电和结构的误差。另外，管段编号规则应与二维编码或 RFID 命名规则相配套。

③ 将带有编号的三维轴测图与带有管道长度的表格编辑成图纸并打印。

2. BIM 机电设备安装数字化测绘复核及放样

现场测绘复核放样技术能使 BIM 建模更好地指导现场施工，实现 BIM 的数字化复核及建造。

通过把现场测绘技术运用于机电管线深化、数字化预制复核和施工测绘放样之中，可为机电管线深化和数字化加工质量控制提供保障。

同时运用现场测绘技术可将深化设计图纸的信息全面、迅速、准确地反映到施工现场，保证施工作业的精确性、可靠性及高效性。现场测绘放样技术在项目中主要可实现以下两点。

（1）减少误差，精确设计　　所以通过先进的现场测绘技术不仅可以实现数字化加工过程的复核，还能实现 BIM 模型与加工过程中数据的协同和修正。

同时，由于测绘放样设备的高精度性，在施工现场通过仪器可测得实际建筑、结构专业的一系列数据，通过信息平台传递到企业内部数据中心，经计算机处理可获得模型与现场实际施工的准确误差。通过现场测绘可以将核实、报告等以电子邮件形式发回以供参考。将现场传送的实际数据与 BIM 数据的精确对比，根据差值可对 BIM 模型进行相应的修改调整，实现模型与现场高度一致，为 BIM 模型机电管线的精确定位、深化设计打下坚实基础，也为预制加工提供有效保证。

对于修改后深化调整部分，尤其是之前测量未涉及的区域将进行第二次测量，确保现场建筑结构与 BIM 模型以及机电深化设计图纸相对应，保证机电管线综合可靠性、准确性和可行性，无须等候第三方专家，即可通过发送和接收更新设计及施工进度数据，高效掌控作业现场。

如某超高层建筑，其设备层桁架结构错综复杂，同时设备层中还具有多个系统和大型设备，机电管线只能在桁架钢结构有限的三角空间中进行排布，机电深化设计难度非常之大，钢结构现场施工桁架角度发生偏差或者高度发生偏移，轻则影响到机电管线的安装检修空间，重则会使机电管线无法排布，施工难以进行。需要通过 BIM 技术建立三维模型并运用现场测绘技术对现场设备层钢结构，尤其是桁架区域进行测绘，以验证该项目钢结构设计与施工的精确性。如图 2-61 和图 2-62 所示为设备层某桁架的测量点平面布置图及剖面图，图中标识的点为对机电设备安装深化设计具有影响的关键点。

通过对设备层所有关键点的现场测绘，得到数据表并进行设计值和测定值的误差比对，

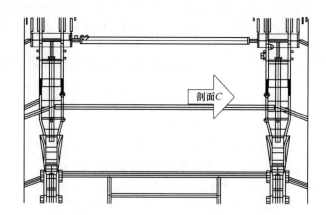

图 2-61　某超高层设备层桁架 BIM 模型中测绘标识点平面布置图

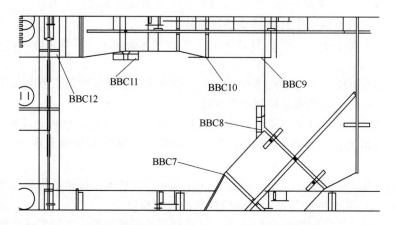

图 2-62　某超高层设备层桁架测绘标识点剖面图

见表 2-3 和表 2-4。

表 2-3　某超高层设备层桁架测绘结果数据 1　　　　　　　　　单位：m

编号	设计值			测定值			误差值			净误差	备注
	X	Y	Z	X	Y	Z	X	Y	Z		
BHI1	4.600	−18.962	314.359	4.597	−18.964	314.361	0.003	0.002	0.002	0.004	基准点
BHI8	−4.600	−17.939	315.443	−4.602	−17.931	315.447	0.002	0.008	0.004	0.009	基准点
BHI2	4.600	−17.939	315.443	4.572	−17.962	315.449	0.028	0.023	0.006	0.037	
BHI3	4.600	−19.435	317.250	4.576	−19.448	317.251	0.024	0.013	0.001	0.027	
BHI4	4.425	−20.135	317.400	4.397	−20.146	317.403	0.028	0.011	0.003	0.030	
BHI5	4.440	−21.191	317.176	—	—	—	—	—	—	—	辅助构件已割除
BHI6	4.425	−23.203	317.250	—	—	—	—	—	—	—	混凝土包围
BHI7	−4.600	−18.962	314.359	−4.584	−18.974	314.359	0.016	0.012	0.000	0.020	
BHI9	−4.600	−19.435	317.250	−4.586	−19.443	317.260	0.014	0.008	0.010	0.019	
BHI10	−4.425	−20.135	317.400	−4.424	−20.135	317.440	0.001	0.000	0.040	0.040	
BHI11	−4.440	−21.191	317.176	—	—	—	—	—	—	—	辅助构件已割除
BHI12	−4.425	−23.203	317.250	—	—	—	—	—	—	—	混凝土包围

表 2-4　某超高层设备层桁架测绘结果数据 2　　　　　　　　　单位：m

编号	设计值			测定值			误差值			净误差	备注
	X	Y	Z	X	Y	Z	X	Y	Z		
BBC5	-4.600	17.940	315.443	-4.578	17.960	315.442	0.022	0.020	0.001	0.030	基准点
BBC8	4.600	17.940	315.443	4.584	17.949	315.440	0.016	0.009	0.003	0.019	基准点
BBC1	-4.440	21.191	317.176	—	—	—	—	—	—	—	辅助构件已割除
BBC2	-4.425	23.205	317.250	—	—	—	—	—	—	—	混凝土包围
BBC3	-4.425	20.135	317.400	-4.390	20.136	317.420	0.035	0.001	0.020	0.040	
BBC4	-4.600	19.435	317.250	-4.537	19.444	317.238	0.063	0.009	0.012	0.065	
BBC6	-4.600	18.964	314.359	-4.540	18.956	314.379	0.060	0.008	0.020	0.064	
BBC7	4.600	18.964	314.359	4.629	18.952	314.379	0.029	0.012	0.020	0.037	
BBC9	4.600	19.435	317.250	4.578	19.442	317.234	0.022	0.007	0.016	0.028	
BBC10	4.425	20.135	317.400	4.396	20.142	317.400	0.029	0.007	0.000	0.030	
BBC11	4.440	21.191	317.176	—	—	—	—	—	—	—	辅助构件已割除
BBC12	4.625	23.205	317.250	—	—	—	—	—	—	—	混凝土包围

利用得到的测绘数据进行统计分析，如图 2-63 和图 2-64 所示，项目该次测量共设计 64 个测量点，由于现场混凝土已经浇筑、安装配件已经割除等原因，共测得有效测量点 36 个，最小误差为 0.002m，最大误差为 0.076m，平均误差为 0.031m。

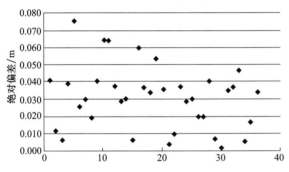

图 2-63　某超高层设备层桁架测绘结果误差离散图

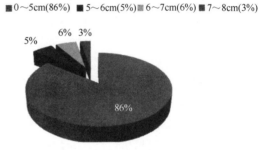

图 2-64　某超高层设备层桁架
测绘结果误差分布图

从测量数据中可看出，误差分布在 5cm 以下较为集中，共 31 个点，5～6cm 2 个点，6～7cm 2 个点，7～8cm 1 个点，为可接受的误差范围，故认为被测对象的偏差满足建筑施工精度的要求，可认为该设备层的机电管线深化设计能够在此基础上开展，并实现按图施工。

（2）高效放样，精确施工　现场测绘可保证现场能够充分实现按图施工、按模型施工，将模型中的管线位置精确定位到施工现场。如风管在 BIM 模型中离墙的距离为 500mm，通过创建放样点到现场放样，可以精确捕捉定位点，确保风管与墙之间的距离。管线支架按照图纸 3m 一副的距离放置，以往采用的是人工拉线方式，现通过现场放样，确定放样点后设备发射激光于楼板显示定位点，施工人员在激光点处绘制标记即可，可高效定位、降低误差，如图 2-65 所示。

现场需对测试仪表进行定位，找到现场的基准点，即图纸上的轴线位置，只要找到 2 个定位点，设备即可通过自动测量出这 2 个定位点之间的位置偏差而确定现场设站位置。

图 2-65　某超高层
现场测绘放样

确定平面基准点后还需要设定高度基准，现场皆已划定一米线，使用定点测量后就可获得。

通过现场测绘可以实现在 BIM 模型调整修改、确保机电模型无碰撞后，按模型使用 CAD 文件或 3D BIM 模型创建放样点。

同时将放样信息以电子邮件形式直接发送至作业现场或直接连接设备导入数据，实现现场利用电子图纸施工，最后在施工现场定位创建的放样点轻松放样，有效确保机电深化管线设计的高效安装、精确施工。

3. 数字化物流

机电设备中具有管道设备种类多、数量大的特点，二维码和 RFID 技术主要用于物流和仓库存储的管理。现通过 BIM 平台下数字化加工预制管线技术和现场测绘放样技术的结合，对数字化物流而言更是锦上添花。

在现场的数字化物流操作中给每个管件和设备按照数字化预制加工图纸上的编号贴上二维码或者埋入 RFID 芯片，利用手持设备扫描二维码及芯片，信息即可立即传送到计算机上进行相关操作。

在数字化预制加工图阶段要求预制件编码与二维码命名规则配套，目的是实现预制加工信息与二维编码间信息的准确传递，确保信息完整性。数字化建造过程中采用二维编码的应用项目，结合预制加工技术，对二维编码在预制加工中的新型应用模板、后台界面及标准进行开发、研究和制定，确保编码形式简单明了便利，可操作性强。利用二维码使预制构件配送、现场领料环节更加精确顺畅，确保凸显出二维码在整体装配过程中的独特优势，加强后台参数信息的添加录入。

该项目通过二维码技术实现了以下几个目标。

① 纸质数据转化为电子数据，便于查询。

② 通过二维码扫描仪扫描管件上的二维码，可获取图纸中的详细信息。

③ 通过二维码扫描可获取管配件安装具体位置、性能、厂商参数，包括安装人员姓名、安装时间等信息，并关联到 BIM 模型上。

二维码技术的应用，一方面确保了配送的顺利开展，保证了现场准确领料，以便预制化绿色施工顺利开展；另一方面确保了信息录入的完整性，在生产、配送、安装、管理、维护等各个环节，涉及生产制造、质量追溯、物流管理、库存管理、供应链管理等各个方面，对行业优化、产业升级、技术创新以及提升管理和服务水平具有重要意义。

二维码技术在预制加工的配套使用中开创了另一个新的应用领域。运用二维码技术可以实现预制工厂至施工现场各个环节的数据采集、核对和统计，保证仓库管理数据输入的效率和准确性，实现精准智能、简便有效的装配管理模式，亦可为后期数据查询提供强有力的技术支持，开创数字化建造信息管理新革命。

三、BIM 机电设备深化设计案例

1. 项目介绍

某项目位于非洲北部某沿海城市，建筑面积 $17300m^2$，地下 2 层，地上 6 层，定位国际四星级酒店标准（见图 2-66）。项目初步设计由意大利 FABRIS&PARTNERS 完成，由中国建筑股份有限公司在该国的分公司承建。此项目对建筑各专业深化设计要求十分严格，尤其是纷繁复杂的机电系统，传统二维深化设计手段已经无法满足项目精细化的需求，因此 BIM 技术在机电深化设计中的应用显得尤为重要。

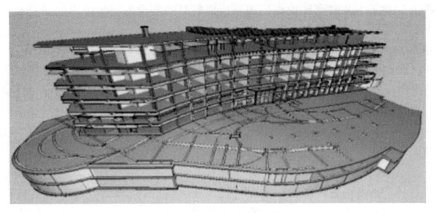

图 2-66　某项目整体效果模型

2. 深化流程

建筑机电深化设计流程如图 2-67 所示。

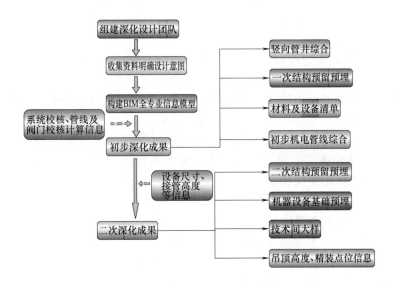

图 2-67　建筑机电深化设计的流程示意

3. 深化设计中的难点

（1）此项目设计方（监理方）、业主及承包商来自不同的国家，而且设计依据主要是欧洲标准，这无疑给深化设计增加了难度。首先，深化设计团队要对欧洲标准中的相关技术条款深入了解并能正确应用；其次，项目当地的一些地方规范和习惯做法也是深化设计的另一部分参考依据，这也需要团队成员能够灵活把握；最后，深化设计的深度和标准也是一项全新的挑战，因为不同的监理方要求不一样，所以即使是同一个地区同类型的项目也不能完全当作参考依据和设计过程的标本，只能是结合项目的相关技术条款和设计团队的理解来完成。

（2）项目监理方明确表示严禁一次结构的二次开凿，这就要求机电一次结构预留预埋做到准确定位而且不能有遗漏，传统的深化设计手段已经不能满足该项目的基本要求。

（3）项目的施工周期紧张，因此施工管理中的各个环节的正常运作方能保证项目整体的顺利推进。海外项目中机电专业的材料采购周期比较长，这就要求一次采购必须做到高效，进而要求机电专业必须及时准确地提供项目所需的材料和设备清单，以保证安装计划的顺利实施，这无疑又给深化设计增加了一大难题。

4. BIM解决方案

（1）BIM模型的创建　由于各专业的深化设计工作都在同步进行，所以建筑结构也没有准确的信息模型，因此在选用BIM深化设计软件的时候必须要具备能简单搭建建筑结构模型功能并能随着建筑结构专业设计的深化及时更新BIM软件，最终选用了日系软件Rebro。

Rebro是由日本邮船株式会社（NYK）系统研究所开发的一款建筑机电专用设计软件。软件分建筑、结构、空调风管、空调水管、给排水及消防、建筑电气等功能模块，可通过网络及时更新产品数据库或自建网外阀门管件和设备数据库。建筑、结构、机电相互联动，即时调整，通过易于理解的方式探讨模型，可按照业主需求制订策划方案；通过模型图片初步确定屋面或机房的机电设计方案，将有利于现场的顺利施工；通过三维管线综合可避免返工带来的高成本，促进协调，将现场的不合理情况及铺张浪费降至最低限度。

建模的流程是先搭建建筑、结构的三维模型，然后在建筑、结构模型基础上输入暖通空调、给排水、电气、消防等专业管线信息，最后根据各专业要求及净高控制条件对管线进行合理的布局和优化。在管线综合调整的过程中会不断地更新机电模型，使得各专业管线排布更加合理。

（2）管线的干涉检查　在保证项目系统及功能的基本前提下，结合建筑、结构及室内装饰等其他专业的具体要求，对机电各专业管线进行综合协调和深化设计，遵循小管让大管、有压管让无压管、安装难度小的让安装难度大的等基本原则进行初步的管线综合调整。完成初步调整以后再利用软件进行干涉检查，生成干涉检查清单。对应清单编号和CG模型实际干涉情况将机电专业内的问题沟通协商消化掉并在三维模型中做调整处理，而涉及与其他专业冲突的地方，则结合建筑结构及装饰要求，先对机电专业管线路由进行合理的调整和优化，如果仍然不能有效地解决相关的碰撞问题，则只能调整机电设计方案或者建议相关专业做调整。并以书面报告的形式澄清工程问题并附上调整方案和效果图片，请监理方或设计院给予明确的回复，然后再调整方案模型，最终实现项目整体布局的合理性。

此项目首层的大堂属于大空间区域，由于空间较高且采用玻璃幕墙结构，冬夏季围护结构及日照条件对空间内部的空调负荷影响较大，因此原设计巧妙地采用风幕的设计思路在靠近幕墙的区域设置上送下回的空调风系统，回风管需要预埋在建筑垫层内。在解决风管预埋时垫层厚度不足的问题时，借助Rebro进行三维效果模拟，截取效果图片（图2-68）附上文字报告及深化团队的方案建议，以技术问询单的形式提交给监理方，最终获得了监理（设

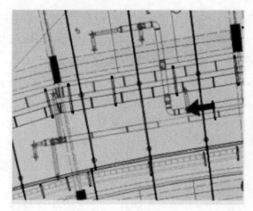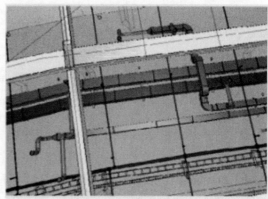

图2-68　平面与三维视图对照示意

计）方肯定。施工承包商对深化团队的工作给予了高度的评价。

5. BIM技术在深化设计工作中的价值

经过项目深化设计的应用分析，BIM技术与传统的二维深化设计方式相比体现出明显的使用价值。

（1）表达方式的优越性　传统二维设计的主体是线，通过线条的叠加、组合在二维投影中表示管线和设备，而且阀门管件等信息也仅用特殊的线条符号加文字描述来表示，这样使得原本就比较专业的设计更加抽象，不利于施工者快速读懂图纸，从而在一定程度上降低了施工人员的安装效率。BIM设计的主体是产品，通过选择管道、管件、阀门及机器设备等模型，在三维信息模型中显示尺寸、定位及安装高度等要求。采用三维可视化的设计手段可以使工程竣工时的真实画面在施工前展示出来，表达上真实直观，对施工人员来讲更能准确地把握设计意图，高效地完成安装工作。图2-69为平面图与三维模型的真实比对效果。

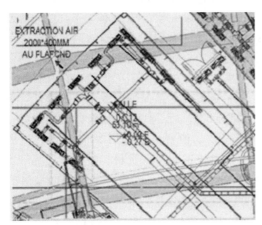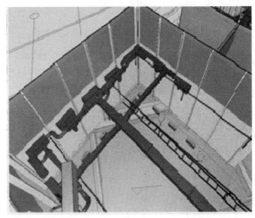

图2-69　平面图与三维模型的真实比对效果

（2）预留信息的科学性　传统的二维设计过程中，机电专业所需的建筑结构预留、预埋条件很难准确地提出来，仅仅依靠二维平面综合各专业信息提供准确的预留、预埋条件确实需要耗费大量的时间和精力，而往往由于无法整体考虑系统水平或竖直管线的路由而造成后期管线安装的时候出现部分不必要的交叉和拐弯的问题，一方面增大了系统的阻力，另一方面也在一定程度上增加了安装成本。

而采用BIM技术下的可视化设计和管线综合调整能够科学合理地提出建筑结构预留、预埋的机电条件，通过建筑模型展示隐藏的结构过梁及构造柱等信息，能够准确地确定预留孔洞的尺寸和位置，保证了一次预留、预埋的准确性，并且通过项目实际经验反馈采用BIM技术深化设计后提出的预留、预埋条件在后期机电施工中有极高的准确率，这在一定程度上节省了施工成本，而且最大限度地保证了建筑结构的稳定性。图2-70为机电管线的结构预留模型。

（3）管线综合的高效性　传统二维设计的管线综合工作的一般模式是先分专业核算管线参数、优化调整管线路由，然后基点复制到同一张平面上，通过肉眼进行观察分析，并结合工程经验将重叠的机电管线进行排序，设置安装高度。在调整管线路由的过程中由于机电系统纷繁复杂、管线比较集中的地方交叉碰撞的情况较多，通常解决某一点的碰撞问题会连带别的区域又出现更多的碰撞。而且在调整过程中还要考虑结构等信息，这无疑更增加了深化设计工作的难度，常常是花了大量的时间和精力，但是给出的参考价值却并不高。而采用BIM技术进行管线综合工作就显得事半功倍，首先设计人员将需要综合的管线模型化，赋

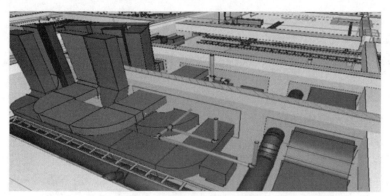

图 2-70　机电管线结构预留模型

予设备管线专业信息，然后将各专业管线录入到同一操作文件下利用三维碰撞检查功能可以及时全面地发现存在问题的点，将施工过程可能出现的问题在模型中提前暴露，然后通过一定的避让和调整原则合理布置设备，优化管线路由，以保证后期施工过程的高效性。

（4）采购、预制参数的可靠性　传统机电深化过程中，有专门的采购人员按照平面图纸进行材料统计，这种方式效率低、人为因素影响较大。部分材料由于单价较高在材料统计时担心过多的浪费所以采取多次采购的方式，这样在一定程度上是保证了数量的准确性，但是也同时带来了延误工期、增加供货运费成本等一系列问题。而一些单价比较便宜的材料一次采购量又远远超过了项目实际需要量，最终造成不必要的浪费。而运用 BIM 技术在机电深化设计过程中能非常精确地提供材料及设备清单，而且提供的设备及材料参数都是基于实际施工模拟而来的准确参数，只需要操作软件里的材料统计项，就能将各专业不同型号的材料、管件阀门、机器设备等信息生成详细的清单供采购部门参考执行。

此项目的机电深化设计工作中，利用 BIM 技术进行建模、检查、分析调整，不仅通过三维模拟技术实现了可视化的精准设计，还有效提高了后期的安装效率，通过施工过程中的重点和难点区域的三维效果展示，极大地避免了施工过程中的拆改和返工带来的材料和劳动力的浪费，对缩短工期、提高工程质量、降低工程造价将产生积极的作用。

结合 BIM 技术在机电深化设计的应用实践，再进一步思考如何将 BIM 技术应用并推广到工程项目的全过程中，通过搭建建筑全专业的信息模型并贯穿项目各个阶段，监管机电各系统的运行数据，最终实现提高。

四、BIM 某项目机电设备安装应用案例

1. 概况

某项目位于自新路南侧、玲珑路西侧。本项目由一栋超高层办公楼、四层地下室、高层商业裙房、西北侧景观廊下沉广场四部分组成。本项目主要功能为甲级办公楼、大型商场、地下停车场等。其中，办公塔楼为 30 层，最高高度为 140.20m，建筑高度（屋面）约为132m；商业裙房为地下一层到七层，最高高度约为 43.16m，建筑高度（屋面）约为 39m；地下部分为四层。本项目建筑面积约 187702.42m²，其中办公部分为 74046.78m²，商业部分为 46472.94m²，地下车库为 67182.7m²。

2. 项目组织机构

针对本项目的特点，挑选具有相应资质、具有丰富类似高级民用建筑工程机电安装经验的技术管理人员组建项目管理部。项目管理部有健全和行之有效的质量管理体系、职业健康安全管理体系和环境管理体系；必须熟悉、正确理解和执行与本工程有关的国内外施工规

范、标准。要求不仅能迅速阅读施工图，而且能完善施工图设计并提出施工图设计中存在的问题及解决问题的办法；项目部成员具有从施工准备到保修服务全过程的理解业主要求的意识和行为，满足并超越业主期望；有很强的施工过程控制的能力，确保工程质量目标实现。

劳务层实施专业队负责制，优选技术素质高且有高等级智能化高层民用工程机电设备安装施工经验丰富的施工队伍参与，同时储备一定数量的劳务人员，视工程需要，随时组织劳务层人员有序动态调配。

项目部配备完善具有高效、安全的完成建筑安装工程的一切装备，其中包括有机电设备的吊装机械、机电系统的调试仪器仪表、机电系统的安装工具及计量器具。

3. B3 层冷冻机房工程情况简介

B3 层冷冻机房层面积约 765m^2，空间高度 8.45m（包括 B3 层及 B2 层两层层高），夏季总冷负荷 16680kW，共设置有 5 台离心式电制冷冷水机组，平面图如图 2-71 所示。

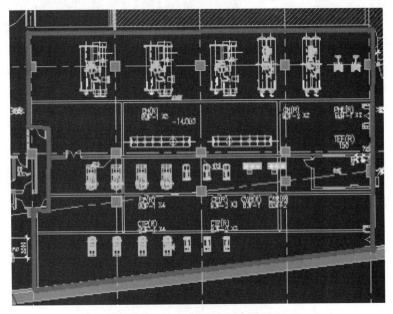

图 2-71 B3 层冷冻机房平面

B3 层冷冻机房空间较高，机房内管线复杂，如何进行有序的排布成为一大施工难点。为了保证机房内管线安装有序，拟采用 BIM 技术对机房内管线进行模拟，选择最优方案进行安装。

4. BIM 相关图纸

BIM 相关图纸如图 2-72～图 2-74 所示。

五、BIM 某消防应用案例

在消防泵房工程 BIM 技术的应用如下。

1. 安装原则

前期策划→过程实施→运营维护

（深化设计）　　　（组织施工）

2. 具体实施流程

BIM 技术的具体实施流程见图 2-75。

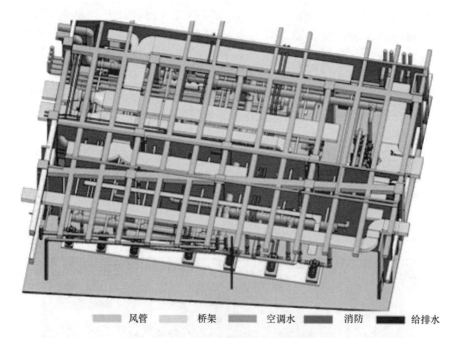

風管　　　桥架　　　空调水　　　消防　　　给排水

图 2-72　机房管线三维综合效果图

图 2-73　机房局部管线三维综合效果图

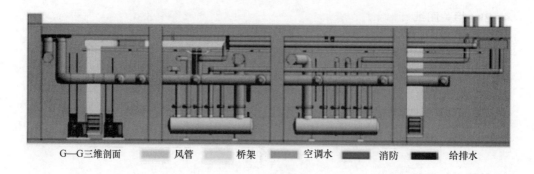

G—G三维剖面　　　風管　　　桥架　　　空调水　　　消防　　　给排水

图 2-74　管线三维剖面图

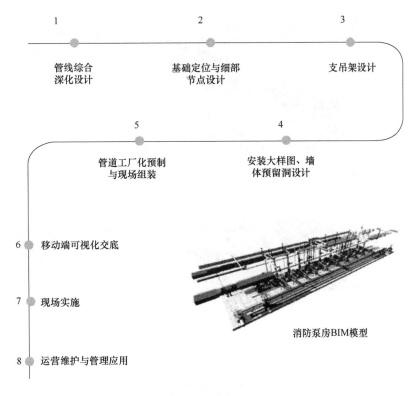

图 2-75　BIM 技术的具体实施流程

3. 管线综合深化设计

利用 BIM 进行管线综合深化设计（图 2-76），确定设备位置及管线走向，并预留合理的安装及操作空间，确保管线综合布局的合理性与美观性。

阀门、管件竖向标高位置一致　　　　　　　　　　　　横向成排、成线排布

图 2-76　利用 BIM 进行管线综合深化设计

4. 基础定位与细部节点设计

管线综合排布完成后，根据设备布局生成基础定位图（图 2-77），并对设备基础建筑做法及墙面、地面排砖进行优化设计（图 2-78），确保施工一次成优。

5. 支、吊架设计与安装

完成机房管线综合排布后，根据各系统管线位置进行支、吊架选型与安装位置设计，力求简洁美观，指导现场加工制作，如图 2-79 所示。

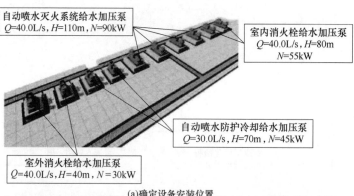

(a)确定设备安装位置

(b) 设备基础定位

图 2-77　设备基础定位

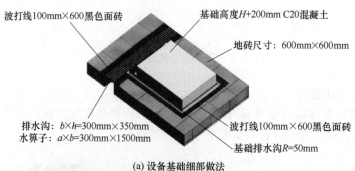

(a) 设备基础细部做法

(b)墙面、地面排砖设计与做法

图 2-78　墙面、地面排砖设计与做法

6. 安装大样图、墙体预留洞设计

（1）安装大样图设计　绘制管路安装节点大样图，确定阀门附件安装位置（图 2-80），指导现场安装。

（2）节点大样图设计　绘制设备安装大样图，提取管道安装尺寸、标高等信息，提高管道安装精度与效果。

（3）墙体预留洞图设计　自动生成墙体预留洞图，保证洞口位置的准确性。

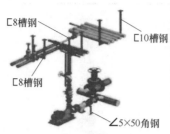

(a) 支吊架选型

(b) 支吊架综合布置图

(c) 生成支吊架尺寸加工图

(d) 支吊架加工制作

图 2-79　支、吊架设计与安装

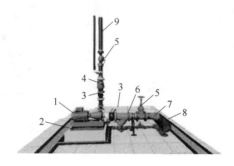

图 2-80　阀门附件安装位置

1—消防水泵；2—减震器；3—橡胶软接头；4—消声止回阀；5—闸阀；6—过滤器；
7—弧形短管；8—消防吸水管；9—连接短管

7. 管道工厂化预制与现场组装

（1）实施流程（图 2-81）

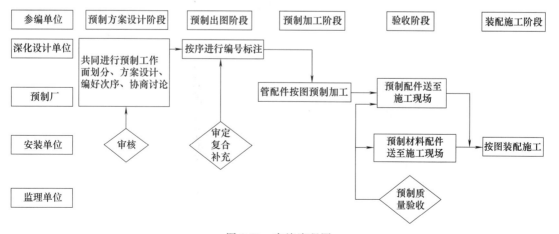

图 2-81　实施流程图

（2）深化设计（图 2-82）

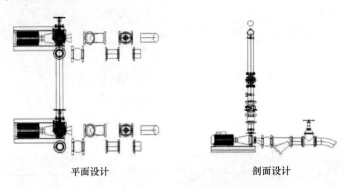

平面设计　　　　　　　　　剖面设计

图 2-82　深化设计

（3）工厂化预制加工图（图 2-83）　根据最终完成的深化设计图，绘制预制加工图，指导管段预制加工。

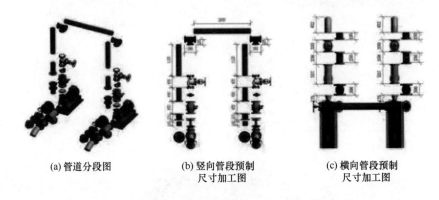

(a) 管道分段图　　　　(b) 竖向管段预制　　　(c) 横向管段预制
　　　　　　　　　　　尺寸加工图　　　　　　尺寸加工图

图 2-83　工厂化预制加工图

（4）料表生成指导加工　根据最终完成的深化设计图，绘制预制加工图（图 2-84），指导管段预制加工。

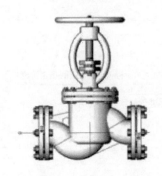

图 2-84　预制加工图

8. 移动端可视化交底

移动端可视化交底如图 2-85 所示。

9. 现场实施

现场安装效果如图 2-86 所示。

将工程交底卡生成二维码并粘贴于相关工程施工区域，实现交底与施工过程的连贯性。

图 2-85　移动端可视化交底

图 2-86　现场安装效果

10. 运营维护与管理应用

（1）数据信息管理（图 2-87）　创建运维数据信息库，随机查看设备维护情况信息。

（2）运营维护管理　模型创建阶段，借助二维码技术，为每一台设备、阀门附件分配一个与现场安装一致的标签，方便运维信息的查询，如图 2-88 所示。

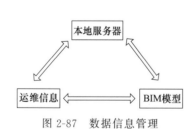

图 2-87　数据信息管理

信息录入

粘贴于现场设备

图 2-88　运营维护管理

第六节　管线综合深化设计及数字

　　管线综合深化设计是指将施工图设计阶段完成的机电管线进一步综合排布，根据不同管线的不同性质、不同功能和不同施工要求、结合建筑装修的要求，进行统筹的管线位置排布。如何使各系统的使用功能效果达到最佳，整体排布更美观是工程管线综合深化设计的重点，也是难点。

　　基于 BIM 的深化设计通过各专业工程师与设计公司的分工合作优化能够针对设计存在

问题，迅速对接、核对、相互补位、提醒、反馈信息和整合到位，其深化设计流程如图2-89所示。

图 2-89　综合管线深化设计流程示意

BIM 模型可以协助完成机电安装部分的深化设计，包括综合布管图、综合布线图的深化。使用 BIM 模型技术改变传统的 CAD 叠图方式进行机电专业深化设计，应用软件功能解决水、暖、电、通风与空调系统等各专业间管线、设备的碰撞，优化设计方案，为设备及管线预留合理的安装及操作空间，减少占用使用空间。在对深化效果进行确认后，出具相应的模型图片和二维图纸，指导现场的材料采购、加工和安装，能够大大提高工作效率。另外，一些结合工程应用需求自主开发的支吊架布置计算等软件，也能够大大提高深化设计工作的效率和质量。

下面以某工程为例具体介绍管线综合深化设计的关键流程和内容。

一、管线综合平衡深化设计

通过分析暖通、给水排水、电气、消防及建筑自动化各专业的图纸，对机电各专业管线进行二次布局，剖面图如图 2-90 所示。

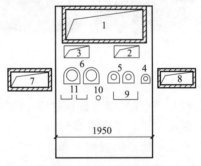

图 2-90　二次布局剖面

1—新风管 1600mm×630mm，标高＋4.17m；2—新风管 400mm×320mm，标高＋3.80m；

3—工艺排风管 400mm×320mm，标高＋3.80m；4—蒸汽管 DN65，标高＋3.65m；

5—供回水管 2×DN125，标高＋3.65m；6—采暖水管 2×DN200，标高＋3.65m；

7—空调送风管 800mm×320mm，标高＋3.22m；8—空调回风管 630mm×250mm，标高＋3.22m；

9—强电桥架 300mm×100mm，标高＋2.95m；10—喷淋主管 DN150，标高＋2.95m；

11—弱电桥架 200mm×100mm，标高＋2.95m

管线平衡二次深化设计变更部分如下：将新风管 1000mm×1000mm 变更为 1600mm×630mm，可以节省 370mm 吊顶空间；将送风管 800mm×320mm 及回风管 630mm×250mm 调整至房间内布局，不占用吊顶空间；重新调整各管线的标高次序，将强电桥架摆放在最低层，方便电缆施工及日后检修。

对二次深化设计综合平衡后的管线进行三维建模，从三维模型很容易得出，原设计图纸存在的问题已经全部解决。

二、综合支吊架设计

根据实验区一层西走廊综合管线布置图，设计管道联合支吊架，如图 2-91 所示。

管道一般分为竖向布置和水平布置。无论支架的形式是怎样的，支架都是用来承担管路系统的力，包括由支架所承担的管道及管内介质质量的地球引力引起的力、由支架所承担的管道热胀冷缩变形和受压后膨胀引起的力、由管道中介质压力产生的推力等。

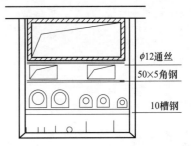

图 2-91　综合支架设计

三、管线综合平衡效果图

通过 BIM 技术的管线综合平衡设计，最终得到联合支架效果见图 2-92。

图 2-92　管线综合半衡效果

四、利用 BIM 技术进行管线碰撞，分析设计图纸存在的问题

以走廊区域为例，首先使用 CAD 画出走廊剖面图（图 2-93），再运用 BIM 技术对管廊管线进行三维建模，形成三维模型剖面图。

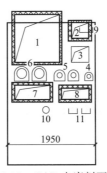

图 2-93　CAD 走廊剖面图

1—新风管 1000mm×1000mm，标高＋4.00m；2—新风管 400mm×320mm，标高＋4.45m；
3—工艺排风管 400mm×320mm，标高＋4.85m；4—蒸汽管 $DN65$，标高＋3.65m；
5—供回水管 2×$DN125$，标高＋3.65m；6—采暖水管 2×$DN200$，标高＋3.65m；
7—空调送风管 800mm×320mm，标高＋3.20m；8—空调回风管 630mm×250mm，标高＋3.20m；
9—强电桥架 300mm×100mm，标高＋4.60m；10—喷淋主管 $DN150$，标高＋2.95m；
11—弱电桥架 200mm×100mm，标高＋2.95m

分析上述剖面图，存在以下几点问题：强电桥架与 400mm×320mm 新风管发生碰撞；1000mm×1000mm 新风管与土建梁发生碰撞；1000mm×1000mm 新风管与工艺排风风管发生碰撞；强电桥架施工后无法放电缆，无检修空间；水管支管与新风管、工艺排风管发生碰撞。

第三章

BIM施工模拟技术应用

第一节 BIM 施工方案模拟简介

通过 BIM 技术建立建筑物的几何模型和施工过程模型，可以实现对施工方案进行实时、交互和逼真的模拟，进而对已有的施工方案进行验证、优化和完善，逐步代替传统的施工方案编制方式和方案操作流程。在对施工过程进行三维模拟操作中，能预知在实际施工过程中可能碰到的问题，提前避免和减少返工以及资源浪费的现象，优化施工方案，合理配置施工资源，节省施工成本，加快施工进度，控制施工质量，以达到提高建筑施工效率的目的。

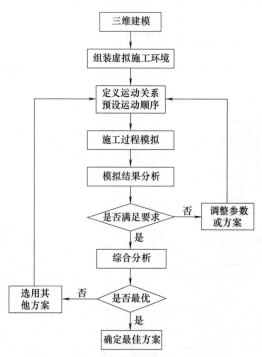

图 3-1 施工方案模拟体系流程

一、施工方案模拟流程

施工方案模拟体系流程如图 3-1 所示。从体系架构中可以看出，在建筑工程项目中使用虚拟施工技术，将会是个庞杂繁复的系统工程，其中包括了建立建筑结构三维模型、搭建虚拟施工环境、定义建筑构件的先后顺序、对施工过程进行虚拟仿真、管线综合碰撞检测以及最优方案判定等不同阶段，同时也涉及了建筑、结构、水暖电、安装、装饰等不同专业、不同人员之间的信息共享和协同工作。

二、BIM 施工方案模拟技术应用

施工方案模拟应用于建筑工程实践中，首先需要应用 BIM 软件 Revit 创建三维数字化建筑模型，然后可从该模型中自动生成二维图形信息及大量相关的非图形化的工程项目数据信息。借助于 Revit 强大的三维模型立体化效果和参数化设计能力，可以协调整个建筑工程项目信息管理，增强与客户沟通能力，及时获得包括项目设计、工作量、进度和运算方面的信息反馈，在很大程度上减少协调文档和数据信息不一致所造成的资源浪费。用 Revit 根据所创建的 BIM 模型可方便地转换为具有真实属性的建筑构件，促使视觉形体研究与真实的建筑构件相关联，从而实现 BIM 中的

虚拟施工技术。

结合 BIM 技术，通过 Revit 软件和 Navisworks 软件，对在建的某超高层建筑的部分施工过程进行了模拟，探讨了基于 BIM 的虚拟施工方案在建筑施工中的应用。

某超高层建筑主楼地下 4 层，地上 120 层，总高度 633m。竖向分为 9 个功能区，1 区为大厅、商业、会议、餐饮区，2 区至 8 区为办公区，9 区为观光区，9 区以上为屋顶皇冠。其中 1 区至 8 区顶部为设备避难层。外墙采用双层玻璃幕墙，内外幕墙之间形成垂直中庭。裙房地下 5 层，地上 5 层，高 38m，如图 3-2～图 3-4 所示。

项目的 BIM 技术应用过程中，总包单位作为项目 BIM 技术管理体系的核心，从设计单位拿到 BIM 的设计模型后，先将模型拆分给各个专业分包单位进行专业深化设计，深化完成后汇总到总包单位，并采用 Navisworks 软件对结构预留、隔墙位置、综合管线等进行碰撞校验，各分包单位在总包单位的统一领导下不断深化、完善施工模型，使之能够直接指导工程实践，不断完善施工方案。另外，Navisworks 软件还可以实现对模型进行实时的可视化、漫游与体验；可以实现四维施工模拟，确定工程各项工作的开展顺序、持续时间及相互关系，反映出各专业的竣工进度与预测进度，从而指导现场施工。

图 3-2　某超高层
建筑效果图

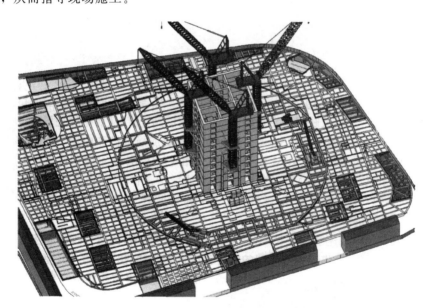

图 3-3　基于 BIM 的施工模拟

在工程项目施工过程中，各专业分包单位要加强维护和应用 BIM 模型，按要求及时更新和深化 BIM 模型，并提交相应的 BIM 技术应用成果。对于复杂的节点，除利用 BIM 模型检查施工完成后是否有冲突外，还要模拟施工安装的过程，避免后安装构/配件由于运动路线受阻、操作空间不足等问题而无法施工，如图 3-5 所示。

根据用三维建模软件 Revit 建立的 BIM 施工模型，确定合理的施工工序和进行完善的材料进场管理，进而编制详细的施工进度计划，制订出施工方案，便于指导项目工程施工。

图 3-4　施工模拟预演

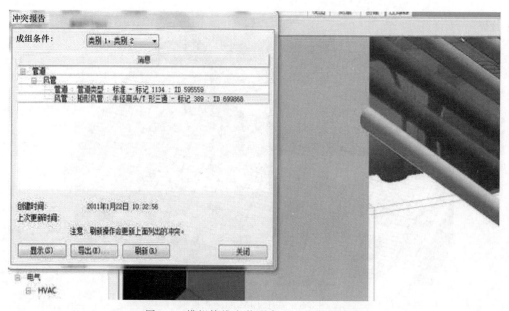

图 3-5　模拟管线安装顺序，查找潜在冲突

图 3-6 所示即为该项目的部分施工进度计划图。

　　按照已制订的施工进度计划，再结合 Autodesk Navisworks 仿真优化工具来实现施工过程的三维模拟。通过三维的仿真模拟，可以提前发现并避免在实际施工中可能遇到的各种问题，如机电管线碰撞、构件安装错位等，以便指导现场施工和制订最佳施工方案，从整体上提高建筑的施工效率，确保施工质量，消除安全隐患，并有助于降低施工成本和减少时间消

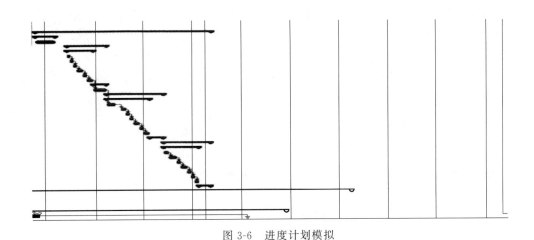

图 3-6   进度计划模拟

耗。图 3-7 所示即为三维施工进度模拟结果示意。

图 3-7   进度模拟示意

例如，将某体育场 BIM 模型导入 Ansys 有限元分析软件的过程，有限元计算模型如图 3-8所示，仿真计算结果如图 3-9 所示。

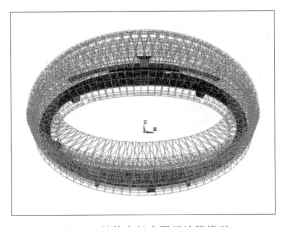

图 3-8   某体育场有限元计算模型

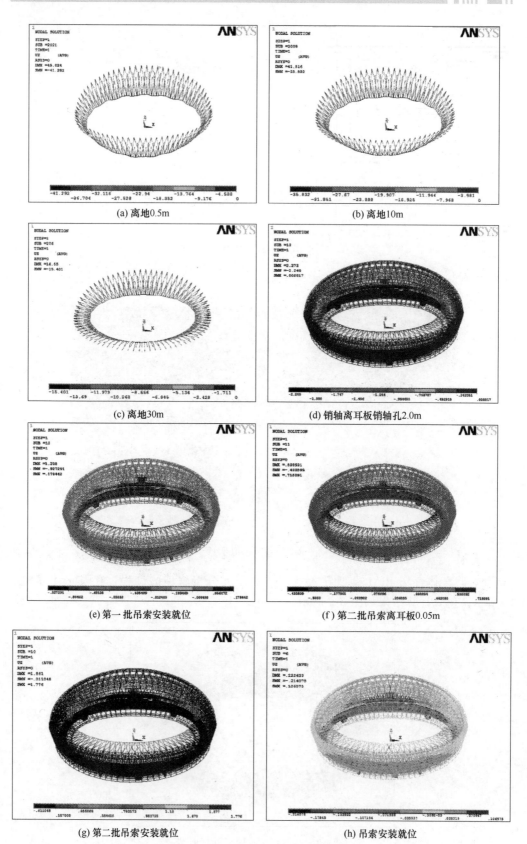

(a) 离地0.5m

(b) 离地10m

(c) 离地30m

(d) 销轴离耳板销轴孔2.0m

(e) 第一批吊索安装就位

(f) 第二批吊索离耳板0.05m

(g) 第二批吊索安装就位

(h) 吊索安装就位

图 3-9   某体育场施工全过程仿真分析位移云图

对于结构体系复杂、施工难度大的结构，结构施工方案的合理性与施工技术的安全可靠性都需要验证，为此利用 BIM 技术建立试验模型，对施工方案进行动态展示，从而为试验提供模型基础信息。某体育场结构建立的 BIM 缩尺模型如图 3-10 所示，缩尺模型连接节点示意如图 3-11 所示。

长期以来，建筑工程中的事故时常发生。如何进行施工中的结构监测已成为国内外的前沿课题之一。对施工过程进行实时监测，特别

图 3-10　某体育场结构建立的 BIM 缩尺模型

是重要部位和关键工序，及时了解施工过程中结构的受力和运行状态具有重要意义。

图 3-11　某体育场缩尺模型节点示意

三、BIM 施工方案模拟应用案例

1. 案例 1　某基坑施工方案模拟

（1）概况　本案例施工任务是挖出一个长 60m、宽 20m、深度为 5.5m 的用作地下车库坑的基坑，施工时将分成 4 块区域分别由四台挖掘机进行开挖。

（2）施工仿真步骤

① 确定制作施工模拟的步骤。

a. 前期数据收集以及编制施工进度；

b. 建立 Revit 场地模型；

c. 设计施工机械模型；

d. 完成 4D 施工模拟制作。

② 前期数据收集以及编辑施工进度。

a. 前期所要收集的数据包括通过全站仪或者 GPS 测量出的场地地理坐标以及长方形基坑四周的高程点坐标。

b. 接下来要制订施工方案，见表 3-1。

表 3-1　施工进度安排（括号内数字表示标高）

施工阶段	施工时间	施工任务/m	施工安排
1	8 月 16 日	第一层土方（25.5～26.5）	挖掘机 4 辆；卡车 8 辆；人员若干
2	8 月 17 日	第二层土方（24.4～25.5）	
3	8 月 18 日	第三层土方（23.3～24.4）	
4	8 月 19 日	第四层土方（22.2～23.3）	
5	8 月 20 日	第五层土方（21.1～22.2）	
6	8 月 21 日	第六层土方（20.0～21.1）	

③ 建立场地模型。

a. 通过全站仪或者 GPS 测量出的场地高程点坐标文件存为 txt 格式，之后将其导入 Revit 当中去，利用 Revit 中的场地选项建立场地表面模型。

b. 通过测量的坐标确定出基坑的位置并在二维平面图上标出，用建筑地坪命令创建出一个基坑模型，基坑模型效果如图 3-12 所示。

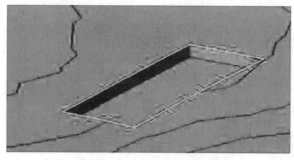

图 3-12　生成基坑模型

c. 通过 Revit 中的体量功能，创建各种施工车辆的模型，也可以到网络族库中下载得到。

挖掘机构件较复杂，可由 CAD 或 Inventor 制作之后以 DWG 文件格式导入到 Revit 中进行应用。同时，这些族文件需要通过场地构件的方式导入 Revit，否则这些施工车辆模型会产生不能与场地贴合的问题。

d. 建立土方模型。为了便于用 Navisworks 进行施工模拟，基坑内土方模型可以用楼板来建立，或者用内建模型，只需要将楼板（或体量）的材质调为土层即可。由实际土方挖运的顺序逆向建立土方模型，即从第六层开始，按照标高的顺序，填满每一层一直到第一层，第一层的土方不要铺满，要随地面坡度适量增减，最后使用楼板创建的土方量等于实际所挖土方量相等即可，这样可以表现出地形的高低变化趋势从而模拟场地的原始状态。在本案例中，兼顾工作量和仿真的真实性，即用若干块长度为 7.5m，宽度为 2.5m，厚度为 1.1m 的楼板块（土方）填满基坑。

同时，在创建土方模型期间，要对每块土方进行命名，命名时要考虑到的因素有：所在的工作区域，所在的层数，以及挖运的顺序。如图 3-13 中白色土方为 4-1-1 号土方即表示 4 号挖土机所工作的 4 区域的第 1 层挖运工作中的第 1 块土方。这样的命名工作可以使以后的 Navisworks 动画模拟处理起来更加方便快捷。

（3）施工模拟动画的制作

① Timeliner 处理。施工过程可视化模拟可以日、周、月为时间单位，按不同的时间间隔对施工进度进行正序模拟，形象地反映施工计划和实际进度。首先用 Microsoft Project 建立较为具体的土方挖运工作进度安排表，工作进度安排表需要细化到每一块土方，即每一块土方都要建立与自身相对应的任务，由于土方挖运的工期较短，所以每一块土方挖除的开始和结束时间都要精确到小时，并且土方的任务

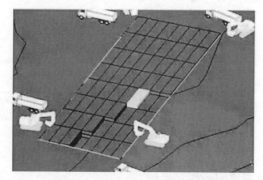

图 3-13　填充土方，完成基坑模型

类型都是"拆除"。再通过 Navisworks 中的数据源选项将其导入到 Navisworks 中的 Timeliner。

② Animation 设计。在 Animation 中创建动画，先后捕捉挖掘机、卡车等场地构件，用旋转、平移等命令，模拟出施工车辆工作的动画。制作 Animaton 的过程中需要统筹施工车辆调度，即如果卡车数量太少，挖掘机挖出的土方装满卡车以后，卡车要有一个运出土方的过程，没有另外的卡车及时补上的话，势必会造成挖掘机停工的现象，降低了工作效率。

由此可以设计出优化方案，即挖掘机挖土运送到卡车上，卡车装满之后将土方运走，另一辆卡车在前一辆卡车运土之前及时补上，同时还要注意避免运送土方的卡车数量过多造成施工道路拥挤的情况。通过这样的分析得出的车辆优化工作方案可以避免挖掘机暂时停工的现象，提高施工效率。设计动画的过程中要调度好各类车辆，在 Animation 中安排好时间分配，以实现效率的最大化。除此以外也可以制作视点动画以及漫游动画，后期处理时与施工车辆调度动画一起添加到 Timeliner 中，使制作出来的动画更具立体感、画面感与层次感，并且可以全方位地展示施工现场。

这样就制作完成了基坑挖运的施工模拟。最后，用 Navisworks 中的 Presenter 渲染功能对场景进行渲染，再以 AVI 格式导出即可得到施工模拟的 4D 动画了。另外，导出动画的时候用 Presenter 导出可以使动画的效果更具有真实感。

③ 基于 BIM 施工仿真模拟的优势。三维可视化功能再加上时间维度，可以进行包括基坑工程在内任意施工形式的施工模拟。同时有效地协同工作，打破基坑设计、施工和监测之间的传统隔阂，实现多方无障碍的信息共享，让不同的团队可以共同工作，通过添加时间轴的 4D 变形动画可以准确判断基坑的变形趋势，让工程施工阶段的任意人群如施工方，监理方，甚至非工程行业出身的业主及领导都能掌握基坑工程实施的形式以及运作方式。

通过输入实际施工计划与计划施工计划，可以直观快速地将施工计划与实际进展进行对比。这样将 BIM 技术与施工方案、施工模拟和现场视频监测相结合，可减少建筑质量问题、安全问题。并且通过三维可视化沟通加强管理团队对成本、进度计划及质量的直观控制，提高工作效率，降低差错率，减少现场返工，节约投资，并给使用者带来新增价值。

通过在 Animation 中对施工车辆工作时间、工作方式的设计，克服了以往做 Navisworks 动画的时候施工项目与施工机械相隔离的缺点，使 Animation 不仅仅停留在动画设计的功能上，更能用来分析施工现场，提高工作效率等，这样就能使案例中基坑挖运的整个过程更加具有可读性和真实性。

同时，这一技术或平台在教学中也能体现优势，既能以案例教学的方法安排教学内容，又能借助 BIM 的完整性以及可视化等特点配合案例教学中各部分的内容，将传统教学内容中零散的知识以项目全寿命周期为主线形成系统完整的教学安排，提高学生对建筑空间关系的认识，达到综合运用相关知识的能力。而且利用 BIM，不仅生动形象，可互操作，提高课堂教学的效率，BIM 提供的虚拟平台还能使学生自主完成课程实践内容，提高学生动手能力，真正将理论和实践联系起来。

由于工期相对而言较短，模拟难度较大，因此基坑挖运通常是被制作者忽视的环节。但是在整个建筑施工过程中，基坑挖运的确是不可或缺的重要部分，在本案例建立 Revit 模型时，也可以添加进防沙板、活动屋等场地构件，或者应用 Civil 3D 对场地进行更加细致的处理，这样还会使场地模型更加真实。另外，用 Navisworks 进行动画制作时，可以用统筹学的知识对施工车辆调度进行优化，甚至可以运用实际参数，运用相关理论计算施工车辆工作路线，制订细化到每一台卡车与挖掘机的工作安排，进而可以进一步提高工作效率，体现了 BIM 信息一致化的特点，使项目更具有可靠性和可研究性。因此，做好基坑挖运的施工模拟，能更好地模拟出整个施工过程，使施工模拟更加完整真实，这也就是本项目的最大价值所在。

2. 案例 2　某基坑开挖模拟

基坑 4D 施工监测系统总架构如图 3-14 所示。

（1）概况　深基坑开挖不但要保证基坑自身的安全与稳定，而且要有效控制基坑周围地层移动以保护周边环境。一则由于地下 20m 深度内的地层多属于软弱的黏性土，土强度低，

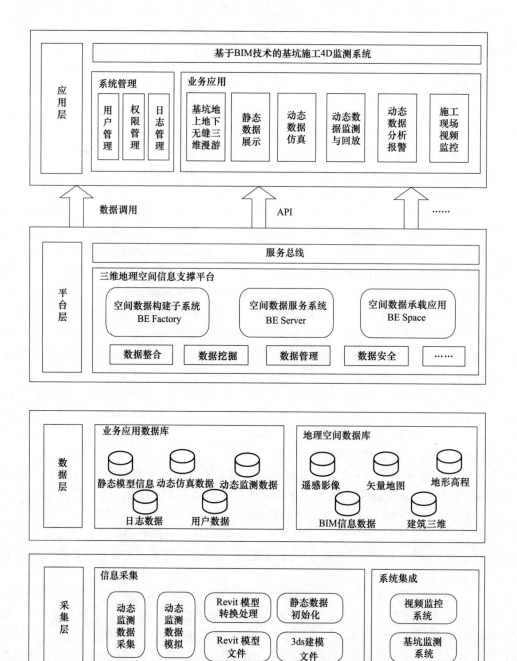

图 3-14 基坑 4D 施工监测系统总架构

含水量高，有很大的流变性，在这类地层进行深基坑开挖和施工，极易产生较大的地层移动；再者由于城市中深基坑周边常碰到重要的市政设施（如地铁、隧道、管沟等）、浅基础民宅等，这些建筑大多结构差、设施陈旧，对变形的反应较为敏感。

基坑工程的监测技术是指基坑在开挖施工过程中，用科学仪器、设备和手段对支护系统、周边环境（如土体，建筑物，道路，地下设施等）的位移、倾斜、沉降、应力、开裂、基底隆起以及地下水位的动态变化、土层孔隙水压力变化等进行综合监测。然后，根据开挖期间监测到的结构和土体变位等各种信息，对勘察、设计所预期的性状与监测结果及时比较，对原设计进行评价并判断施工方案的合理性，修正原设计的不足，预测下一段施工可能出现的新行为、新动态，为进行合理组织施工提供可靠的信息，对后续的开挖方案与开挖步骤提出建议，对施工过程中可能出现的险情进行及时的预报，当发现有异常情况时立即采取必要的工程措施，将问题扼制在萌芽状态，以确保基坑工程的安全施工。

（2）施工模拟方案　基于 3D GIS 技术、BIM 技术、虚拟现实技术和基坑综合监控系统、三维有限元开挖模拟与分析技术，以及基坑周边的地理空间信息，开发基于深基坑 4D 监测系统，提升基坑施工过程的可视化、精细化管理水平和工作效率，将安全隐患消灭在萌芽状态、杜绝安全事故的发生，为保障工程施工质量和施工进度提供技术支撑。

基于 BIM 技术的深基坑施工 4D 监控系统是与深基坑施工工况相结合的深基坑三维模型显示监测系统，通过计算机三维显示技术实现深基坑施工工况的参数化模拟，由三维图形能直观地表达出深基坑及其周边环境各监测点随施工工况变化的监测数据历时情况，体现了监测数据的时空效应，同时通过计算机互联网实现了深基坑监测数据的分布式管理，并能根据监测的数据计算预测下一步工程施工时深基坑及其周边环境的安全，能极大的方便各级管理与技术人员对监测数据的管理与分析，进而能较迅速与准确地判定与反馈深基坑的安全状态，指导深基坑施工。

采集层主要包括人工录入和系统集成。其中动态监测数据是可以通过人工获取监测器采集来的数据录入到本系统中，也可以将在线监测系统通过网络接入本系统；静态模型数据可以通过平台维护管理员在系统初始化中导入，同时支持开发数据接口，导入已经完成电子化的数据；BIM 模型通过平台工具转换处理后导入到系统，3DS 模型可直接添加到系统，基坑监测系统和视频监控则是将第三方网络视频监控系统集成到本平台上。

数据层主要包括业务应用数据库和地理空间数据库两类。其中业务应用数据库包含系统管理和业务应用产生的各类数据：静态模型信息数据库、动态模拟仿真数据库、动态监测数据库、操作日志数据库、用户权限数据库等；地理空间数据库包含构建整个数字地球三维场景的各类基础数据：遥感影像数据库、矢量地图数据库、数字高程模型数据库、BIM 模型数据库、建筑三维数据库。

平台层即整个系统的三维地理空间信息支撑平台，包含空间数据构建子系统、空间数据服务子系统和空间数据承载应用子系统。平台层通过各类地理空间数据的融合处理以及业务员数据的组织调用，在 3D 数字地球引擎软件的支撑下创建真实的深基坑施工状态仿真与监测平台。

应用层由系统管理模块、业务应用模块两部分构成。

① 系统管理模块　主要由用户管理、基于用户角色的访问权限控制、日志管理和查询等功能构成。

② 业务应用模块

a. 基坑地上地下无缝三维浏览：通过鼠标拖拽和键盘操作，实现地面与地下的无缝自由三维浏览漫游。

b. 静态数据展示：在三维场景中，通过拉框、圈选、点选、模糊查询、缓冲区查询等方式，对选取区域内模型的静态数据进行查询和定位。根据实际应用需要，提供距离量测、坐标和标高输出等辅助功能。

c. 动态数据展示：可以通过录入窗口编辑指定模型的动态数据，通过模型的形状、位置、颜色的改变实时体现模型数据状态，通过拉框、圈选、点选、模糊查询、缓冲区查询等方式，对选取区域内模型的动态数据进行查询和定位；可沿时间轴展示上述信息发展的变化历程，可追溯任意历史时间点的信息数据并展示；根据实际应用需要，提供地面沉降量（体积）的统计、各类变形监测数据的二维曲线图等辅助功能；根据实际应用需要，展示地面、地下作业面的实时监控视频画面的相关信息。

d. 动态报警功能：可以预设动态数据的状态值区间，比如地面沉降 0～0.01cm 为正常，0.01～0.02cm 为轻微沉降，0.02～0.03cm 为严重沉降等，当动态数据达到非正常状态时，系统可通过改变动态数据相应模型的颜色，警告列表和及时定位的形式实现动态报警功能。

e. 场景浏览漫游：二维地形和三维场景的浏览漫游；支持自定义和手动路径的浏览漫游，以及以第一人称视角和飞行视角进行浏览漫游；支持二维及三维状态的切换。

f. 属性信息查询：支持以多种方式查询并展示地层信息、地下管线信息、地面道路、建筑等环境信息。

g. 施工模拟仿真：在加载了各类静态信息的三维平台上，模拟建设进度、基坑结构变形（沉降和收敛）、周边地面沉降形态、管线变形沉降、周边重要建筑物的沉降倾斜等监测数据，并进行应用仿真。

h. 施工动态监测：支持以多种方式查询并展示建设进度、结构变形（沉降和收敛）、周边地面沉降形态、管线变形沉降、周边重要建筑物的沉降倾斜等监测数据。

i. 空间量测分析：提供距离量测、面积量测、高度量测、坐标获取和标高输出等辅助功能；根据实际应用需要，提供地面沉降量（体积）的统计、各类变形监测数据的二维曲线图等辅助功能。

j. 实时视频监控：根据实际应用需要，接入展示地面、地下作业面的实时监控视频画面的相关信息等。

k. 历史数据查询：可沿时间轴展示建设进度、结构变形（沉降和收敛）、周边地面沉降形态、管线变形沉降、周边重要建筑物的沉降倾斜等监测数据发展的变化历程，可追溯任意历史时间点的信息数据并展示。

l. 监测分析报警：分析各类变形监测数据的发展规律，采用颜色或其他指示方式动态反应各类监测对象的预警状态（如蓝色、黄色、橙色、红色预警级别），当监测数据达到某一警戒值时，提供图形化报警功能。

基于 3D GIS、BIM 技术的施工优化与监测数据管理分析系统，将非常有利于保证深基坑项目的顺利实施，把基坑施工的风险减小到最低程度，从技术上保证方案的优化，对基坑的施工将起到关键性的作用，深基坑信息化施工效率也将进一步提高。

3. 案例 3　某工程 BIM 施工优化模拟

某工程基于 BIM 建筑施工优化模拟展示如图 3-15 所示。

(a) 步骤1　　　　　　　　　　　　　　(b) 步骤2

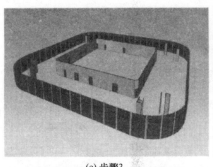

(c) 步骤3

(d) 步骤4

(e) 步骤5

(f) 步骤6

图 3-15 建筑施工优化模拟

第二节 混凝土构件拼装虚拟

在预制混凝土构件生产完成后，其相关的实际数据（如预埋件的实际位置、窗框的实际位置等参数）需要反馈到 BIM 模型中，对预制构件的 BIM 模型进行修正，在出厂前，需要对修正的预制构件进行虚拟拼装（图 3-16），旨在检查生产中的细微偏差对安装精度的影响，经虚拟拼装显示对安装精度影响在可控范围内，则可出厂进行现场安装，反之，不合格的预制构件则需要重新加工。

混凝土构件出厂前的预拼装和深化没计过程的预拼装不同，主要体现在：深化设计阶段的预拼装主要是检查深化设计的精度，其预拼装结果反馈到设计中对深化设计进行优化，可提高预制构件生产设计的水平，而出厂前的预拼装主要融合了生产中的实际偏差信息，其预拼装的结果反馈到实际生产中对生产过程工艺进行优化，同时对不合格的预制构件进行报废，可提高预制构件生产加工的精度和质量。

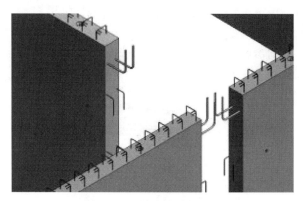

图 3-16 预制构件虚拟拼装

第三节 钢构件拼装虚拟

钢构件的虚拟拼装优势在于：

① 省去大块预拼装场地；

② 节省预拼装临时支撑措施；

③ 减少劳动力使用；

④ 缩短加工周期。

这些优势都能够直接转化为成本的节约，以经济的形式直接回报加工企业，以工期节省的形式回报施工和建设单位。

要实现钢构件的虚拟预拼装，则首先要实现实物结构的虚拟化。所谓实物虚拟化就是要把真实的构件准确地转变成数字模型。这种工作依据构件的大小有各种不同的转变方法，目前直接可用的设备包括全站仪、三坐标检测仪、激光扫描仪等。

例如某超高层工程中钢结构体积比较大，使用的是全站仪采集构件关键点数据，组合形成构件实体模型，如图 3-17 所示。

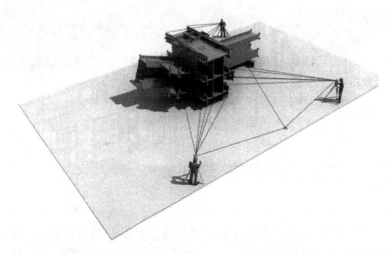

图 3-17　虚拟预拼装前用全站仪采集数据

某钢网壳结构工程中，节点构件相对较小，使用三坐标检测仪进行数据采集，直接可在电脑中生成实物模型，如图 3-18 所示。

采集数据后就需要分析实物产品模型与设计模型之间的差距。由于检测坐标值与设计坐标值的参照坐标系互不相同，所以在比较前必须将两套坐标值转化到同一个坐标系下。

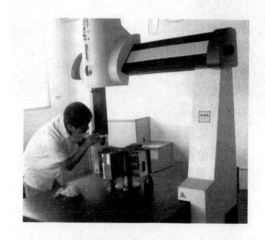

图 3-18　虚拟预拼装前用三坐标检测仪采集数据

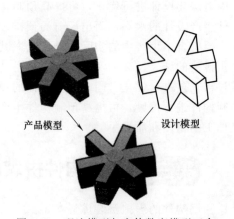

图 3-19　理论模型与实体数字模型互合

　　利用空间解析几何及线形代数的一些理论和方法，可以将检测坐标值转化到设计坐标值的参照坐标系下，使得转化后的检测坐标与设计坐标尽可能接近，也就使得节点的理论模型与实物的数字模型尽可能重合以便于后续的数据比较，其基本思路如图 3-19 所示。

　　分别计算每个控制点是否在规定的偏差范围内，并在三维模型里逐个体现。通过这种方法，逐步用实物产品模型代替原有设计模型，形成实物模型组合，所有的不协调和问题就都能够在模型中反映出来，也就代替了原来的预拼装工作。这里需要强调的是两种模型互合的过程中，必须使用"最优化"理论求解。因为构件拼装时，工人会发挥主观能动性，调整构件到最合理的位置。

　　在虚拟拼装过程中，如果构件比较复杂，手动调整模型比较难调整到最合理的位置，容易发生误判。

第四章

BIM施工场地布置

第一节 施工场地布置的重要性

一、促进安全文明施工

随着我国施工水平的不断提高，对安全文明施工的要求也越来越高。考核建筑施工企业的质量、安全、工期、成本四大指标，也称施工企业的第一系统目标的落脚点都在施工现场。加强施工现场布置的管理，在施工现场改善施工作业人员条件，消除事故隐患，落实事故隐患整改措施，防止事故伤害的发生，这是极为重要的。施工项目部一般通过对现场的安全警示牌、围挡、材料堆放等建立统一标准，形成可进行推广的企业管理基准及规范，推动安全文明施工的建设。在建筑施工中，保证建筑施工的安全是保护施工人员人身安全和财产安全的基础，也是保证建筑工程能够顺利完工的前提条件，建筑施工的安全问题已经成为当前社会的焦点话题，很多建筑安全事故在社会上造成了恶劣的影响，我国也出台了相应的管理条例，目的就是为了对我国建筑市场加强控制，保证建筑施工的质量和安全，所以在建筑施工的安全管理实际工作中，建筑施工企业和从业人员必须对此加以重视，实现企业经济效益的前提是保证工作人员的安全，继而才是提升施工企业的竞争力。基于 BIM 模型及搭建的各种临时设施，可以对施工场地进行布置，合理安排塔吊、库房、加工厂地和生活区，解决场地划分问题。

二、保障施工计划的执行

对施工现场合理规划，是保障施工正常进行的需要。在施工过程中往往存在着材料乱堆乱放、机械设备安置位置妨碍施工的情况，为了进行下一步的施工必须将材料设备挪来挪去，影响施工的正常进行。施工场地布置要求在设计之初要考虑施工过程的所需材料以及机械设备的使用情况，合理地进行材料的堆放。通过确定最优路径等方法，为施工提供便利。

三、有效控制现场成本支出

在施工过程中由于场地狭小等原因，会产生大量的二次搬运费，将成品和半成品通过小车或人力进行第二次或多次的转运会产生大量的二次搬运费用，增加了项目的成本支出。在施工场地布置的时候要结合施工进度，合理对材料进行堆放，减少因为二次搬运而产生的费用，降低施工成本。

第二节 基于 BIM 的施工场地布置应用

一、建立安全文明施工设施 BIM 构件库

借助 BIM 技术对施工场地的安全文明施工设施进行建模，并进行尺寸、材料等相关信息的标注，形成统一的安全文明施工设施库。施工现场常用的安全防护设施、加工棚、卸料平台防护、用电设施、施工通道等设施都可以通过 BIM 软件的族功能，建立各种施工设施的 BIM 族库，并且对尺寸、材质等准确标注，为施工设施的制作提供数据支持。图 4-1 是施工现场钢筋加工棚，在保证结构稳定性情况下，对尺寸建立标准，在满足场地空间的情况下进行推广，形成企业统一标准。

随着企业 BIM 族库的不断丰富，施工现场设施布置也会变得简单。将所有的族文件进行分类整理，建立如图 4-2 所示的 BIM 构件库，在进行施工现场的三维模型建立时，可以将构件随意拖进三维模型中，建立丰富的施工现场 BIM 模型，为施工现场布置提供可视化参照。

图 4-1 钢筋加工棚外观

图 4-2 施工设施族库

二、现场机械设备管理

在施工过程中会用到各种各样的重型施工机械，大型施工设备的进场和安置是施工场地布置的重要环节。传统的二维 CAD 施工平面设计只能二维显示出施工机械的作业半径，像塔吊的作业半径、起重机的使用范围等。基于 BIM 技术的二维施工机械布置则可以在更多

的方面进行应用。大型机械设备现场规则如下所述。

（1）现场塔吊　现在利用 BIM 软件进行塔吊的参数化建模，并引入现场的模型进行分析，既可以用 3D 的视角来观察塔吊的状态，又能方便地调整塔吊的姿态以判断临界状态，同时不影响现场施工，节省工期和节约能源。

通过修改模型里的参数数值，针对四种情况分别将模型调整至塔吊的临界状态（图 4-3），参考模型就可以指导塔吊安全运行。

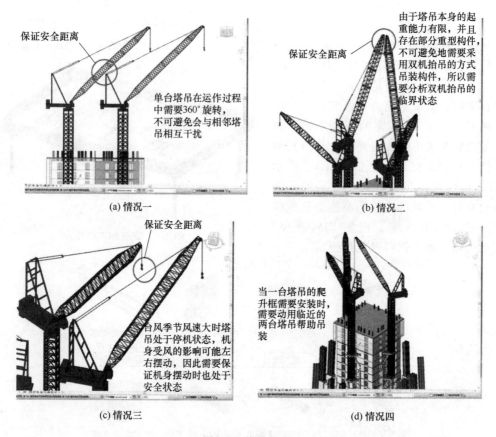

(a) 情况一　　　　　　　　　　　　　　　(b) 情况二

(c) 情况三　　　　　　　　　　　　　　　(d) 情况四

图 4-3　临界状态

（2）机械设备现场规划

① 混凝土泵布置（图 4-4）。BIM 技术可将混凝土泵水平排布直观地表现出来。

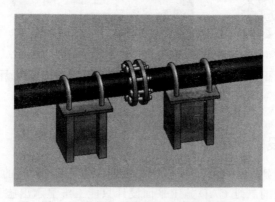

图 4-4　混凝土泵管的水平固定及连接

② 对于超高层泵送，其中需要设置的缓冲层也可以基于 BIM 技术很方便地将其表达出来，如图 4-5 所示。

（3）吊车类

① 平面规划。在平面规划上，制订施工方案时往往要在平面图上推敲这些大型机械的合理布置方案。但是单一地看平面的 CAD 图纸和施工方案，很难发现一些施工过程中的问题，但是应用 BIM 技术就可以通过 3D 模型较直观地选择更合理的平面规划布置方案，如图 4-6 所示。

② 方案技术选型与模拟演示。以往采用履带吊吊装过程中，一旦履带吊仰角过小，就容易发生前倾，导致事故发生。现在利用 BIM 技术模拟施工，可以预先对吊装方案进行实际可靠的指导。

③ 建模标准。建筑工程主要用到的大型机械设备包括汽车吊、履带吊、塔吊等，这些机械建模时最关键的是参数的可设置性，因为不同的机械设备其控制参数是有差异的。比如履带吊的主要技术控制参数为起重量、起重高度和半径。考虑到模拟施工

图 4-5　混凝土泵管的垂直固定及缓冲段的设置

对履带吊动作真实性的需要，一般可以将履带吊分成以下几个部分：履带部分、机身部分、驾驶室及机身回转部分、机身吊臂连接部分、吊臂部分和吊钩部分。

图 4-6　汽车吊平面规划布置模型

汽车吊与履带吊有相似之处，主要增加了车身水平转角、整体转角、吊臂竖直平面转角等参数。

④ 协调。在施工过程中，往往因受到各种场外因素干扰，导致施工进度不可能按原先施工方案所制订的节点计划进行，经常需要根据现场实际情况来做修正，这同样也会影响到大型机械设备的进场时间和退场时间。以往没有 BIM 模拟施工的时候，对于这种进度变更情况，很难及时调整机械设备的进出场时间，经常会发生各种调配不利的问题，造成不必要的等工。

现在，利用 BIM 技术的模拟施工应用可以很好地根据现场施工进度的调整，来同步调整大型设备进出场的时间节点，以此来提高调配的效率，节约成本。

三、施工机械设备进场模拟

施工机械体积庞大，施工现场的既有设施、施工道路等可能会阻碍施工设备的进场。依托 BIM 技术，设置施工机械进场路径，找出施工机械在整个进场环节中的碰撞点，再进行进场路径的重新规划或者碰撞位置的调整，确保施工设备在进场过程中不出现任何问题。

（1）施工机械的固定验算　施工企业对于施工机械的现场固定要求较高，像塔吊等设备的固定在固定前都要进行施工受力验算，以确保在施工过程中能够保证塔吊稳定性。近几年塔吊事故频发，造成大量的生命财产损失。借助 BIM 技术对施工现场的塔吊固定进行校验和检查，保证塔吊基座和固定件的施工质量，确保塔吊施工过程中的稳定性。

（2）成本控制　BIM 技术的优势在于其信息的可流转性，一个 BIM 模型不仅包含构件的三维样式，更重要的是其所涵盖的信息，包括尺寸、重量、材料类型以及材料生产厂家等。在使用 BIM 软件进行场地建模之后，可以将布置过程中所使用的施工机械设备数量、临电临水管线长度、场地硬化混凝土工程量等一系列的数据进行统计，形成可靠的工程量统计数据，为工程造价提供可靠依据。通过在软件中选择要进行统计的构件，设置要显示的字段等信息，输出工程量清单计算表。

四、碰撞检测

施工现场总平面布置模型中需要做碰撞检查的主要包括以下内容。

① 物料、机械堆放布置，进行相应的碰撞检查，检查施工机械设备之间是否有冲突、施工机械设备与材料堆放场地的距离是否合理。

② 道路的规划布置，检查所用的道路与施工道路尽量不交叉或者少交叉，以此保证施工现场的安全生产。

③ 临时水电布置，避免与施工现场的固定式的机械设备的布置发生冲突，也要避免施工机械，如吊臂等与高压线发生碰撞，应用 BIM 软件进行漫游和浏览，发现危险源并采取措施。

五、现场人流管理

现场人流管理工作模式如下所述。

（1）数字化表达　采用三维的模型展示，以 Revit、Navisworks 为模型建模、动画演示软件平台。这些模拟可能包括人流的疏散模拟结果、道路的交通要求、各种消防规范的安全系数对建筑物的要求等。

工作采用总体协调的方式，即在全部专业合并后所整合的模型（包括建筑、结构、机电）中，使用 Navisworks 的漫游、动画模拟功能，按照规范要求、方案要求和具体工程要求，检验建筑物各处人员或者车辆的交通流向情况，并生成相关的影音、图片文件。

采用软件模拟，专业工程师在模拟过程中发现问题、记录问题、解决问题、重新修订方案和进行模型的过程管理。

（2）模型要求　对于需要做人流模拟的模型，需要先定义模型的深度，模型的深度按照 LOD100～LOD500 的程度来建模，具体与人流模拟的相关建模标准见表 4-1。

表 4-1　建模标准

深度等级	LOD100	LOD200	LOD300	LOD400	LOD500
场地	表示	简单的场地布置。部分构件用体量表示	按图纸精确建模。景观、人物、植物、道路贴近真实	可以显示场地等高线	—
停车场	表示	按实际标示位置	停车位大小、位置都按照实际尺寸准确标示	—	—
各种指示标牌	表示	标示的轮廓大小与实际相符，只有主要的文字、图案等可识别的信息	精确的标示，文字、图案等信息比较精准，清晰可辨	各种标牌、标示、文字、图案都精确到位	增加材质信息，与实物一致

续表

深度等级	LOD100	LOD200	LOD300	LOD400	LOD500
辅助指示箭头	不表示	不表示	不表示	道路、通道、楼梯等处有交通方向的示意箭头	—
尺寸标注	不表示	不表示	只在需要展示人流交通布局时,在有消防、安全需要的地方标注尺寸		—
其他辅助设备	不表示	不表示	长、宽、高物理轮廓。表面材质、颜色、类型、属性、材质,二维填充表示	物体建模,材质精确地表示	—
车辆、消防车等机动设备	不表示	按照设备或该车辆最高最宽处的尺寸给予粗略的形状表示	比较精确的模型,具有制作模拟的,渲染、展示的必备效果	精确地建模	可输入机械设备、运输工具的相关信息

（3）交通人流 4D 模拟要求

① 交通道路模拟。交通道路模拟结合 3D 场地、机械、设备模型进行现场场地的机械运输路线规划模拟。交通道路模拟可提供图形的模拟设计和视频,以及三维可视化工具的分析结果。

按照实际方案和规范要求（在模拟前的场地建模中,模型就已经按照相关规范要求与施工方案,做到符合要求的尺寸模式）,利用 Navisworks 在整个场地、建筑物、临时设施、宿舍区、生活区、办公区模拟人员流向、人员疏散、车辆交通规划,并在实际施工中同步跟踪,科学地分析相关数据。

交通运输模拟中机械碰撞行为是最基本的行为,如道路宽度、建筑物高度、车辆本身的尺寸与周边建筑设备的影响、车辆的回转半径、转弯道路的半径模拟,都将作为模拟分析的要点,分析出交通运输的最佳状态,并同步修改模型内容。

② 交通及人流模拟要求。使用 Revit 建模导出 NWC 格式的图形文件,并导入 Navisworks 中进行模拟;Navisworks 三维动画视觉效果展示交通人流运动碰撞时的场景;按照相关规范要求、消防要求、建筑设计规范等,并按照施工方案指导模拟;构筑物区域分解功能,同时展示各区域的交通流向、人员逃生路径;准确确定在碰撞发生后需要修改处的正确尺寸。

（4）实例式样　人流式样布置:在 3D 建筑中放置人流方向箭头,表示人流动向。设计最合理的线路,以 3D 的形式展示。

在模型中可以加入时间进度条以展现如下模拟:疏散模拟、感知时间、响应时间、道路宽度合适度、依据建筑空间功能规划的最佳营建空间（包括建筑物高度、家具的摆放布置、设备的位置等）,如图 4-7 所示。

在场景中做真实的 3D 人流模拟,使用 Navisworks 的 3D 漫游和 4D 模拟来展示真实的人员在场景或者建筑物内的通行状况。也可用达到一定程度的机械设备模型,来模拟对于道路

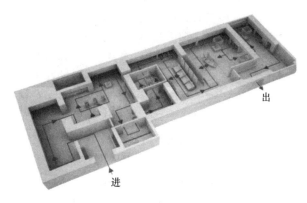

图 4-7　三维视图标示人流走向的示意模型

或者相关消防的交通通行要求，如图4-8所示。

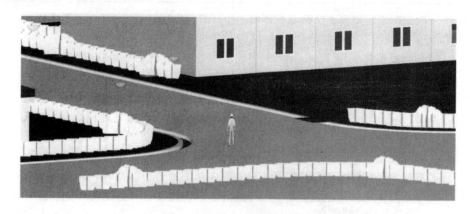

图4-8 漫游模拟展示人流走向

在整合后的模型中进行结构、设备、周边环境和人流模拟的单独模拟，例如门窗高度、楼梯上雨篷、转弯角处的设备等，可能会对人流行走造成碰撞的模拟，都是必要的模拟作业，如图4-9所示。

图4-9 漫游模拟展示人流与建筑物等的碰撞关系

（5）竖向交通人流规划 基础施工阶段的交通规划主要是对上下基坑和地下室的通道的规划，并与平面通道接通。挖土阶段、基础施工时一般采用临时的上下基坑通道，有临时性的和标准化工具式的。标准化工具式多用于较深的基坑，如多层地下室基坑、地铁车站基坑等，临时性的坡道或脚手架通道多用于较浅的基坑。

临时上下基坑通道根据维护形式不同各不相同。放坡开挖的基坑一般采用斜坡形成踏步式的人行通道，满足上下行人员同时行走，及人员搬运货物时通道宽度。在坡度较大时，一般采用临时钢管脚手架搭设踏步式通道。通道设置位置一般在与平面人员安全通行的出入口处，避开吊装机械回转半径之外为宜，否则应搭设安全防护棚。上下通道的两侧均应设置防护栏杆，坡道的坡度应满足舒适性与安全性要求，如图4-10所示。

在采用支护围护的深基坑施工中，人行安全通道常采用脚手架搭设楼梯式的上下通道。在更深的基坑中常采用工具式的钢结构通道，常用于地铁车站基坑、超深基坑中。通道宽度为1.0～1.1m，通行人员只能携带简易工具，不能搬运货物通行。通道采用与支护结构连接的固定方式，一般随基坑的开挖，由上向下逐段安装，如图4-11所示。

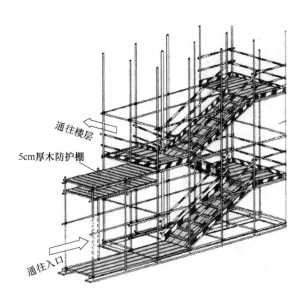

图 4-10   临时上下基坑施工人流通道模型

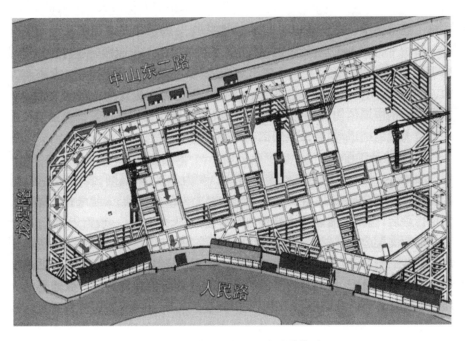

图 4-11   深基坑施工人流通道模型

六、BIM 及 RFID 技术的物流管理

BIM 技术首先能够起到很好的信息收集和管理功能，但是这些信息的收集一定要和现场密切结合才能发挥更大的作用，而物联网技术是一个很好的载体，它能够很好地将物体与网络信息关联，再与 BIM 技术进行信息对接，BIM 技术就能真正地用于物流的管理与规划。

物联网技术的应用流程如图 4-12 所示。

图 4-12 物联网应用流程

目前在建筑领域可能涉及的编码方式有条形码、二维码以及 RFID 技术。RFID 技术，又称电子标签、无线射频识别，是一种通信技术，可通过无线电讯号识别特定目标并读写相关数据，而无须识别系统与特定目标之间建立机械或光学接触。常用的有低频（125～134.2kHz）、高频（13.56MHz）、超高频、无源等技术。RFID 读写器也分移动式的和固定式的，目前 RFID 技术在物流、门禁系统、医疗、食品溯源方面都有应用。

而二进制的条码识别是一种基于条空组合的二进制光电识别，广泛应用于各个领域。二维条码/二维码能够在横向和纵向两个方位同时表达信息，能在很小的面积内表达大量的信息。通过图像输入设备或光电扫描设备自动识读以实现信息自动处理，它具有条码技术的一些共性。

条码与 RFID 从性能上来说各有优缺点，具体应根据项目的实际预算及复杂程度考虑采用不同的方案，其优缺点见表 4-2。

表 4-2　条码识别与 RFID 的性能对比

系统参数	RFID	条码识别
信息量	大	小
标签成本	高	低
读写性能	读/写	只读
保密性	好	无
环境适应性	好	不好
识别速度	很高	低
读取距离	远	近
使用寿命	长	一次性
多标签识别	能	不能
系统成本	较高	较低

条码信息量较小，但如果均是文本信息的格式，基本已能满足普通的使用要求，且条码较为便宜。

（1）RFID 技术主要可以用于物料及进度的管理

① 可以在施工场地与供应商之间获得更好的和更准确的信息流。

② 能够更加准确和及时地供货：将正确的物品以正确的时间和正确的顺序放置到正确的位置上。

③ 通过准确识别每一个物品来避免严重缺损，避免使用错误的物品或错误的交货顺序而带来不必要麻烦或额外工作量。

④ 加强与项目规划保持一致的能力，从而在整个项目的过程中减少劳动力的成本并避免合同违规受到罚款。

⑤ 减少工厂和施工现场的缓冲库存量。

（2）RFID 与 BIM 技术的结合　使用 RFID 与 BIM 技术进行结合需要配置如下软硬件。

① 根据现场构件及材料的数量需要有一定的 RFID 芯片，同时考虑到土木工程的特殊性，部分 RFID 标签应具备防金属干扰功能。形式可以采取内置式或粘贴式，如图 4-13 所示。

② RFID 读取设备，分为固定式和手持式，对于工地大门或堆场位置口，可考虑安装固定式以提高读取 RFID 信息的稳定性和降低成本，对于施工现场可采用手持式，如图 4-14 所示。

图 4-13　部分 RFID 标签　　　　　图 4-14　手持式 RFID 读取设备

③ 针对项目的流程专门开发的 RFID 数据应用系统软件。由于土建施工多数为现场绑扎钢筋，浇捣混凝土，故而 RFID 的应用应从材料进场开始管理。而安装施工所用构件根据实际工程情况可以较多地采用工厂预制的形式，能够形成从生产到安装整个产业链的信息化管理，故而流程以及系统的设置应有不同。

（3）土建施工流程　材料运至现场，进入仓库或者堆场前进行入库前贴 RFID 芯片，芯片应包含生产商、出厂日期、型号、构件安装位置、入库时间、验收情况的信息、责任人（需 1～2 人负责验收和堆场管理、处理数据）等信息；材料进入仓库；工人来领材料，领取的材料进行扫描，同时数据库添加领料时间、领料人员、所领材料等信息；混凝土浇筑时，再进行一次扫描，以确认构件最终完成，实现进度的控制。

（4）安装施工流程　加工厂制造构件，在构件中加入 RFID 芯片，加入相关信息，包含生产厂商、出厂日期、构件尺寸、构件所安装位置、责任人（需有 1～2 人与加工厂协调）等；构件出场运输，进行实时跟踪；构件运至现场，进入仓库前进行入库前扫描，将构件中所包含的信息扫入数据库，同时添加入库时间、验收情况的信息、责任人（需 1～2 人负责验收和堆场管理、处理数据）；材料进入仓库；工人来领材料，领取的材料进行扫描，同时数据库添加领料时间，领料人员、领取的构件、预计安装完成时间（需 1～2 人负责记录数据）等信息；构件安装完后，由工人确认将完成时间加入数据库（需 1 人记录、处理数据）。

第三节　BIM 技术在施工场地布置中的应用案例分析

某商业项目位于长春市绿园区，总建筑面积 108 371m²，地下 3 层，地上 23 层，总体呈 L 形。项目靠近皓月大路，临建面积狭小，周围有居民小区，周边情况复杂，施工受周围因素影响较大。

一、总平面布置

在项目投标的时候，工程部决定改变以往用二维 CAD 进行平面设计的做法，采用 BIM

技术对施工场地的总体布置进行详尽的建模，在投标的时候进行三维演示，受到了评标专家的一致好评。在项目中标之后，根据前期建立的三维模型进行了精细化布置和材料提取，大大减少了工程技术人员的工作量，具体流程如图 4-15 所示。

图 4-15　BIM 技术下的场地布置流程

经过公司技术部的反复论证，得到如图 4-16 和图 4-17 所示的施工总平面布置 BIM 模型。对于办公室、生活宿舍、材料堆放、材料加工、塔吊、电梯等施工设施的安置都有详细的布置。并且还能实现三维效果图渲染、二维出图等功能，对于后期的安全文明施工宣传和项目施工材料留档等都有很大的帮助。

图 4-16　Naviworks 下的场地布置重要节点

二、工程设施细部详图

将 BIM 模型建立完成之后，如果只是进行三维演示还远远没有体现出 BIM 的价值。通过建立的 BIM 模型，将各部分构件进行提取，对施工材料等信息进行详细的标注，在进行施工场地布置的时候能够指导现场人员进行施工。图 4-18 是围墙墙身的详细构造，从图片右侧可以将墙体的具体参数设置，包括墙身、基础、垫层，以及下部基础的材料类型、高度、标高等信息详细地读出，并且还可以对构件类型进行随意的添加、删减等以满足不同工程的需要。

三、碰撞检测

在大型机械设备进场之后，必须规范其作业位置以及作业半径，保证不会与其他设备设施发生碰撞。借助 BIM 技术对不同机械设备之间的空间关系进行模拟，找出在作业过程中可能会出现碰撞的地方，在施工的过程中加以防护。

四、施工组织设计审查

传统的施工组织设计与现场实际结合得不够紧密，方案中的设计难以付诸实践，各方在施工组织论证的时候由于缺乏三维图示等，往往各执一词，形不成统一的意见。在应用BIM技术之后能够有效地避免上述问题，通过使用BIM模型，以可视化的方式协助业主和监理审核施工组织设计。在监理例会等场合快速理解现场情况，快速沟通，在Navisworks软件中，在关键部位增加视点，视点中可包含静态视点、动画、注释、测量等。在后期的施工检查的过程中可以依照模型，严格要求施工单位将施工组织设计中的内容落实到位，在保证施工正常进行的前提下，也能展示公司的精神风貌，体现公司的品牌价值。

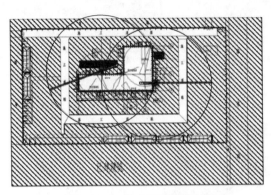

图 4-17   二维 CAD 平面出图

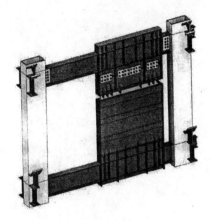

图 4-18   墙连接构造 BIM 模型

五、施工场地布置工程量统计

BIM 软件的一大特点就是不仅仅是三维的立体表现，更重要的是在于信息的传递。在场地布置完成之后可以通过对模型进行工程量的统计，将各构件的数量以报表的形式统计出来，形成真实可靠的工程量报（表 4-3），方便后面进行造价控制。软件的建模规则完全依据的是现行的工程量清单计价规则，不会存在因为建模规则的问题而产生错算、漏算、多算的现象。

表 4-3   按栋号楼层构件汇总

序号	栋号	楼层	构件大类	构件小类	工程量	单位
1	施工	0	其他构件	木工加工棚	5	个
2	平面图		围墙	夹芯彩钢板围墙1	572.917	m
3			地貌	场区地貌 35276.174	35276.174	m²
4			塔吊	1号塔吊	2	个
5			大门	临时大门	2	个
6			安全围护	安全围护1 117.905	117.905	m
7			施工电梯	1号施工电梯	2	个
8			板房	板房	1467.878	m²
9			毗邻建筑	多层建筑	10242.948	m²
10			道路	250mm 厚施工道路1	3462.197	m²
11				250mm 厚施工道路2	1078.502	m²

使用 BIM 软件建立完成场地布置模型之后，就形成了资产使用信息库，将使用的材料设备等记录在案，进行资产管理，避免因施工现场人员混杂，设备使用情况统计不及时而造成财产损失的问题。

BIM 技术可在工程场地布置方面应用，通过对场地设施布置、安全文明施工、构件细部构造三维显示，以及最后的工程量统计功能的展示中可以看出，BIM 技术在施工场地布置方面比传统的二维布置更为直观，也更为方便。随着 BIM 技术的应用越来越广泛，在场地布置方面的应用也会越来越多，BIM 软件也会越来越成熟。

几个场地布置要求如图 4-19 所示。

图 4-19　场地布置

第五章

BIM施工材料成本控制

建筑信息模型（BIM）是对工程项目的信息化处理并为协同工作提供数据基础。在施工阶段，施工企业是整个工程处置的主体，其管理水平代表着最后工程的质量水平，整个材料系统管理的效率能够决定施工企业最后利润的高低。利用 BIM 技术对工程的材料进行管理，对工程施工过程中人、材、机的有效利用科学处置，施工企业的利润就能实现最大化。在 BIM 技术的框架下研发符合施工流程的材料管理软件工具是一种趋势。

BIM 是将一个项目整个生命周期内的所有信息整合到一个模型中，通过数字信息仿真模拟建筑物所具有的真实信息。BIM 是数字技术在建筑工程中的直接应用，同时又是一种应用于设计、建造、管理的数字化方法。BIM 概念涉及的领域比较广，包含建筑物从规划、设计、施工到运营维护整个生命周期，每个领域都有与之相关的 BIM 软件工具。BIM 技术具有可视化、协调性、模拟性、优化性、可出图性等特征，如果建立以 BIM 应用为载体的项目信息化管理，可以提升项目生产效率、提高质量、缩短工期、降低建造成本。建筑施工单位对运用 BIM 技术、使用 BIM 软件进行工程施工管理方面还处于初级阶段，大部分还在运用传统的技术手段、管理方法。基于 BIM 技术结合施工中建筑材料管理方面进行探讨，形成一套适合大众施工企业的 BIM 材料管理系统，通过具体应用，不仅能让施工企业获取客观的经济效益，从而接受 BIM 技术，而且还能为我国的施工企业高效管理、接轨国际提供帮助。

利用数据库技术对建筑信息、材料信息进行储存管理；利用 CAD 显示技术显示施工过程中的建筑工程，对承建工程进行三维可视化处理，同时添加时间参数，使得在 CAD 上显示的三维工程具有时间信息，也即当前最新 4D 技术。数据库与 CAD 结合实现工程中所有构件信息管理及构件绘制交互管理。

BIM 的优势在于：在施工过程中，针对设计变更只需要修改变更的地方，所有相关信息自动同步更新；材料统计、工程进度随时查看；方便施工单位对施工进度、工程成本进行管理控制；通过计划与实际工程材料的消耗进行对比，获取当前工程施工进度情况，科学地调整施工进度计划，用 PDCA 循环管理流程对施工进行有效管理，节约建筑材料，提高施工效率，实现企业利润的最大化。

第一节　BIM 施工材料控制

一、施工企业材料管理意义

建筑工程施工成本构成中，建筑材料成本所占比重最大，占工程总成本的 $60\% \sim 70\%$。

材料管理工作是施工项目管理工作中的重要内容。通过对材料管理工作的不断深化，可以使施工企业能更进一步加强和完善对材料的管理，从而避免浪费，节约费用，降低成本，使施工企业获取更多利润。

二、建筑材料管理现状

材料作为构成工程实体的生产要素，其管理的经济效益对整个建筑企业的经济效益关系极大。就建筑施工企业而言，材料管理工作的好坏体现在两个方面：一方面是材料损耗；另一方面则是材料采购、库存管理。

对企业资源的控制和利用，更好地协调供求，提高资源配置效率已经逐渐成为施工企业重要的管理方向。当前没有合适的管理机制适应所有施工企业的材料管理。传统方法需要大量人力、物力对材料库存进行管理，效率低下，经常事倍功半。计算机水平的发展虽出现很多施工管理方面的软件，但都有功能繁杂、操作复杂缺点，不利于推广使用。

三、BIM 技术材料管理应用

BIM 的价值贯穿建筑全生命周期，建筑工程所有的参与方都有各自关心的问题需要解决。但是不同参与方关注的重点不同，基于每一环节上的每一个单位需求，整个建筑工程行业就希望提前能有一个虚拟现实作为参考。BIM 恰恰就是实现虚拟现实的一个绝佳手段，它利用数字建模软件，把真实的建筑信息参数化、数字化后形成模型，以此为平台，从设计师、工程师到施工，再到运维管理单位，都可以在整个建筑项目的全生命周期进行信息的对接和共享。BIM 的两大突出特点也可以为所有项目参与方提供直观的需求效果呈现：一是三维可视化；二是建筑载体与其背后所蕴含的信息高度结合。

施工单位最为关心的就是进度管理与材料管理，利用 BIM 技术，建立三维模型、管理材料信息及时间信息，就可以建立施工阶段的 BIM 应用，从而对整个施工过程的建筑材料进行有效管理。

（1）建筑模型创建

① 利用数据库存储建筑中各类构件信息，如墙、梁、板、柱等，包括材料信息、标高、尺寸等。

② 输入工程进度信息：按时间进度设置工程施工进度（建筑楼层或建筑标高）。

③ 开发 CAD 显示软件工具，用以显示三维建筑：在软件界面对各类建筑构件信息进行交互修改。

（2）材料信息管理

① 在材料库管理设计交互界面，对材料库中的材料进行分类、对各类材料信息进行管理：材料名称、材料工程量、进货时间等。

② 对当前建筑各个阶段的材料信息输出：材料消耗表、资料需求表、进货表等。

四、材料管理 BIM 模型创建

利用数据库管理软件和三维 CAD 显示软件对所需的材料管理建立三维建筑模型，用软件实现材料管理与施工进度协同。与时间信息结合实现 BIM 技术在施工材料管理中 4D 技术应用。

（1）软件模型　模型采用 SQLite 数据库，用于对所有数据进行管理，输入输出所有模型信息。图形显示用 Autodesk 公司的 AutoCAD 为平台。用 Autodesk 公司提供的开发包 ObjectARX 及编程语言 Visual C++进行 BIM 材料数据库、构件数据信息化及三维构件显示模型开发。在 AutoCAD 平台上编制相关功能函数及操作界面，以数据库信息为基础，交互获取数据显示构件到 CAD 平台上。通过使用开发的工具，进行人机交互操作，对材料库进行管理；绘制建筑中各个楼层的构件，并设定构件属性信息（尺寸、材料类别等）。

① 材料数据库。通过材料管理库界面对当前工程的所有建筑材料进行管理，包括材料编号、材料分类、材料名称、材料进出库数量和时间、下一施工阶段所需材料量，随时查看材料情况，及时了解材料消耗、建材采购资金需求。

② 楼层信息。设定楼层标高、标准层数、楼层名称等信息，便于绘制每层的墙、梁、板、柱等建筑构件。施工进度按楼层号进行时间设置时，将按施工楼层所需建材工程量进行材料供应准备。

③ 构件信息。建筑的基本构件包括基础、墙、梁、板、柱、门窗、屋面等。把构件设置尺寸、标高、材料等属性，绘制到图中，并把其所有信息保存到数据库中，CAD 作为显示工具及人机交互的界面。

④ 进度表。按时间进度设定施工进度情况，按时间点输入计划完成的建筑标高或建筑楼层数，设定各个施工阶段，便于查看、控制建筑材料的消耗情况。

⑤ 报表输出。根据工程施工进展，获取相应的材料统计表，包括已完工程材料汇总表、未完工程所需材料汇总表、下阶段所需材料汇总表、计划与实际材料消耗量对比表等，便于施工企业随时了解工程进展。工程进度提前或是滞后，超支还是节约，及时对工程进度进行调整，避免资金投入或施工工期偏离计划过多，造成公司损失。

（2）操作流程　通过利用开发的软件，实现材料管理；在工程施工、材料管理、工程变更等各个方面进行协同处理。操作流程如图 5-1 所示，主要通过以下步骤达到科学管理材料的目的。

① 管理材料库。输入材料信息，如材料编码、类别、数量、获取材料日期。

② 创建建筑模型。设定楼层信息；绘制墙、梁、板、柱等建筑构件，设定各个构件材料类别、尺寸等信息。

③ 设定工程进度计划。按时间设定工程施工进度，按时间设定施工完成楼层或完成建筑标高。

④ 变更协调。输入变更信息，包括工程设计变更、施工进度变更等。

⑤ 输出所需材料信息表。按需要获取已完工程消耗材料表、下个阶段工程施工所需材料表。

⑥ 实际与计划比较。获取工程施工管理中出现的问题，如进度问题、材料的库存管理问题，及时调整，避免巨大损失。

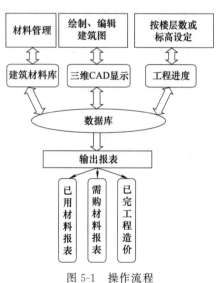

图 5-1　操作流程

（3）应用输出　基于 BIM 技术并结合软件的开发利用，施工企业的材料管理可以实现智能化，从而节约人力、控制成本，具体可以实现以下所需结果。

① 即时获取材料消耗情况，随时根据需要获取某个时间点之前所有的材料消耗量，从而根据材料信息获取相对应的工程造价，及时了解资金消耗情况。

② 获取下个阶段施工材料需求量，预测后续各个阶段的材料需求量，确保资金按时到位，保证按施工进度提供相应建筑材料。避免库存超量、浪费仓储空间、减少流动资金，从

而盘活库存，实现材料适量供应。

③ 即时更新工程变更引起的材料变化。工程设计变更、施工组织设计变更等都会对材料管理产生巨大影响。采用 BIM 管理技术，随时把变更信息输入模型，所有材料信息自动更新，避免材料管理信息因变更不及时或更新不完全而造成工程损失。

通过把 BIM 技术应用到施工领域，利用数据库和 CAD 三维显示技术，把施工进度与建筑工程量信息结合起来，用时间表示施工材料需求情况，仿真施工过程中材料的利用，随时获取建筑材料消耗量及下一阶段材料需求量，使得施工企业进度上合理、成本上节约。从而在施工领域实现信息化技术的应用，把施工管理的技术水平提高到新的高度。

五、安装材料 BIM 模型数据库

图 5-2　安装材料 BIM 模型数据库的建立与应用流程

据库是以创建的 BIM 机电模型和全过程造价数据为基础，把原来分散在安装各专业手中的工程信息模型汇总到一起，形成一个汇总的项目级基础数据库。安装材料 BIM 数据库的建立与应用流程如图 5-2 所示，数据库运用构成如图 5-3 所示。

（2）安装材料控制　材料的合理分类是材料管理的一项重要基础工作，安装材料 BIM 模型数据库的最大优势是包含材料的全部属性信息。在进行数据建模时，各专业建模人员对施工所使用的各种材料属性，按其需用量的大小、占用资金多少及

（1）安装材料 BIM 模型及控制　项目部拿到机电安装各专业施工蓝图后，由 BIM 项目经理组织机电各专业 BIM 工程师进行三维建模，并将各专业模型组合到一起，形成安装材料 BIM 模型数据库。该数

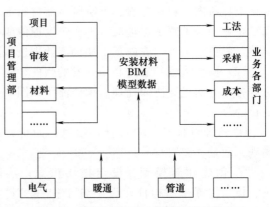

图 5-3　安装材料 BIM 数据库运用构成

重要程度进行"星级"分类，星级越高代表该材料需用量越大、占用资金越多。根据安装工程材料的特点，安装材料属性分类及管理原则见表 5-1，某工程根据该原则对 BIM 模型进行安装材料分类见表 5-2。

表 5-1　安装材料属性分类及管理原则

等级	安装材料	管理原则
★★★	需用量大、占用资金多、专用或备料难度大的材料	严格按照设计施工图及 BIM 机电模型，逐项进行认真仔细的审核，做到规格、型号、数量完全准确
★★	管道、阀门等通用主材	根据 BIM 模型提供的数据，精确控制材料使用数量
★	资金占用少、需用量小、比较次要的辅助材料	采用一般常规的计算公式及预算定额含量确定

表 5-2　某工程 BIM 模型安装材料分类

构件信息/mm	计算式/mm	单位	工程量	等级
送风管 400×200	风管材质：普通钢管规格：400×200	m²	31.14	★★
送风管 500×250	风管材质：普通钢管规格：500×250	m²	12.68	★★

续表

构件信息/mm	计算式/mm	单位	工程量	等级
送风管 1000×400	风管材质:普通钢管规格:1000×400	m²	8.95	★★
单层百叶风口 800×320	风口材质:铝合金	个	4	★★
单层百叶风口 630×400	风口材质:铝合金	个	1	★★
对开多叶调节阀	构件尺寸:800×400×210	个	3	★★
防火调节阀	构件尺寸:200×160×150	个	2	★★
风管法兰 25×3	角钢规格:30×3	m²	78.26	★★★
排风机 PF-4	规格:DEF-I-100AI	台	1	★

（3）用料交底　BIM 与传统 CAD 相比，具有可视化的显著特点。设备、电气、管道、通风空调等安装专业三维建模并碰撞后，BIM 项目经理组织各专业 BIM 项目工程师进行综合优化，提前消除施工过程中各专业可能遇到的碰撞。项目核算员、材料员、施工员等管理人员应熟读施工图纸、透彻理解 BIM 三维模型、吃透设计思想，并按施工规范要求向施工班组进行技术交底，将 BIM 模型中用料意图传达给班组，用 BIM 三维图、CAD 图纸或者表格下料单等书面形式做好用料交底，防止班组"长料短用、整料零用"，做到物尽其用，减少浪费，把材料消耗降到最低限度。无锡某项目 K-1 空调风系统平面图、三维模型如图 5-4 和图 5-5 所示，下料清单见表 5-3。

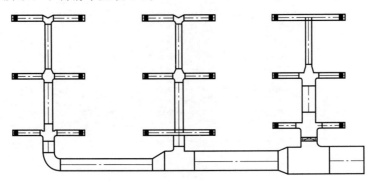

图 5-4　K-1 空调送风系统平面图

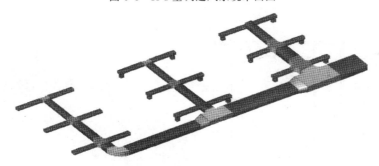

图 5-5　5K-1 空调送风系统 BIM 三维模型

（4）物资材料管理　施工现场材料的浪费、积压等现象司空见惯，安装材料的精细化管理一直是项目管理的难题。运用 BIM 模型，结合施工程序及工程形象进度周密安排材料采购计划，不仅能保证工期与施工的连续性，而且能用好用活流动资金、降低库存、减少材料二次搬运。同时，材料员根据工程实际进度，可方便地提取施工各阶段材料用量，在下达施工任务书中，附上完成该项施工任务的限额领料单，作为发料部门的控制依据，实行对各班组限额发料，防止错发、多发、漏发等无计划用料，从源头上做到材料的有的放矢，减少施工班组对材料的浪费。某工程 K-1 送风系统部分规格材料申请清单如图 5-6 所示。

表 5-3　K-1 空调送风系统直管段下料清单　　　　　　　　　　　单位：mm

风管规格	下料规格	数量/节	风管规格	下料规格	数量/节
2400×500	1160	19	1250×500	600	1
	750	1	1000×500	1160	2
2000×500	1000	1		600	1
1400×400	1160	8	900×500	1160	2
	300	1		800	1
900×400	1160	8	800×400	1160	10
	300	1		600	1
800×320	1000	1	400×200	1160	32
	500	1		1000	14
630×320	1160	4		800	18
	1000	3			
500×250	1160	21			
	1000	6			
	500	1			

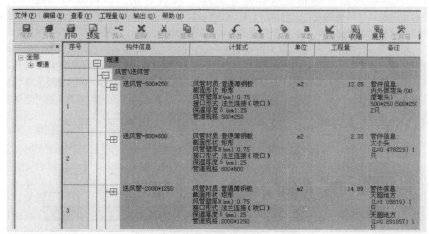

图 5-6　材料申请清单

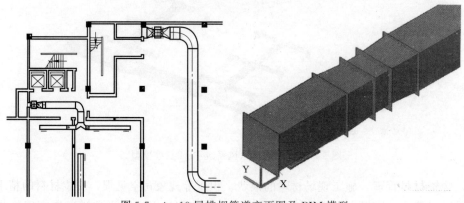

图 5-7　4～18 层排烟管道变更图及 BIM 模型

（5）材料变更清单　工程设计变更和增加签证在项目施工中会经常发生。项目经理部在接收工程变更通知书执行前，应有因变更造成材料积压的处理意见，原则上要由业主收购，否则，如果处理不当就会造成材料积压，无端地增加材料成本。BIM 模型在动态维护工程中，可以及时地将变更图纸进行三维建模，将发生变更的材料、人工等费用准确、及时地计算出来，便于办理变更签证手续，保证工程变更签证的有效性。某工程二维设计变更图及

BIM 模型如图 5-7 所示，相应的变更工程量材料清单见表 5-4。

表 5-4　变更工程量材料清单

序号	构件信息	计算式	单位	工程量	控制等级
1	排风管——500mm×400mm	普通薄钢板风管：500mm×400mm	m²	179.85	★★
2	板式排烟口——1250mm×500mm	防火排烟风口材质：铝合金	只	15.00	★★
3	风管防火阀	风管防火阀：500mm×400mm×220mm	台	15.00	★★
4	风法兰	风法兰规格：角钢 30mm×3mm	m	84.00	★
5	风管支架	构件类型：吊架单体质量(kg)：1.2	只	45.00	★

第二节　BIM 施工成本控制

基于 BIM 技术，建立成本的 5D（3D 实体、时间、成本）关系数据库，以各 WBS 单位工程量"人机料"单价为主要数据进入成本 BIM 中，能够快速实行多维度（时间、空间、WBS）成本分析，从而对项目成本进行动态控制，其解决方案操作方法如下。

（1）创建基于 BIM 的实际成本数据库　建立成本的 5D（3D 实体、时间、成本）关系数据库，让实际成本数据及时进入 5D 关系数据库，成本汇总、统计、拆分对应瞬间可得。以各 WBS 单位工程量"人材机"单价为主要数据进入实际成本 BIM。未有合同确定单价的项目，按预算价先进入。有实际成本数据后，及时按实际数据替换掉。

（2）实际成本数据及时进入数据库　初始实际成本 BIM 中成本数据以合同价和企业定额消耗量为依据。随着进度进展，实际消耗量与定额消耗量会有差异，要及时调整。每月对实际消耗进行盘点，调整实际成本数据。化整为零，动态维护实际成本 BIM，大幅减少一次性工作量，并有利于保证数据的准确性。

（3）快速实行多维度（时间、空间、WBS）成本分析　建立实际成本 BIM 模型，周期性（月、季）按时调整、维护好该模型，统计分析工作就很轻松，软件强大的统计分析能力可轻松满足用户的各种成本分析需求。

一、快速精确的成本核算

BIM 是一个强大的工程信息数据库。进行 BIM 建模所完成的模型包含二维图纸中所有位置长度等信息，并包含了二维图纸中不包含的材料等信息，而这些的背后是强大的数据库支撑。因此，计算机通过识别模型中的不同构件及模型的几何物理信息（时间维度、空间维度等），对各种构件的数量进行汇总统计，这种基于 BIM 的算量方法，将算量工作大幅度简化，减少了因为人为原因造成的计算错误，大量节约了人力的工作量和花费时间。有研究表明，工程量计算的时间在整个造价计算过程占到了 50%～80%，而运用 BIM 算量方法会节约将近 90% 的时间，而误差也控制在 1% 的范围之内。

二、预算工程量动态查询与统计

工程预算存在定额计价和清单计价两种模式。自《建设工程工程量清单计价规范》（GB 50500—2013）发布以来，建设工程招投标过程中清单计价方法成为主流。在清单计价模式下，预算项目往往基于建筑构件进行资源的组织和计价，与建筑构件存在良好对应关系，满足 BIM 信息模型以三维数字技术为基础的特征，故而应用 BIM 技术进行预算工程量统计具有很大优势：使用 BIM 模型来取代图纸，直接生成所需材料的名称、数量和尺寸等信息，而且这些信息将始终与设计保持一致；在设计出现变更时，该变更将自动反映到所有相关的材料明细表中，造价工程师使用的所有构件信息也会随之变化。

在基本信息模型的基础上增加工程预算信息，即形成了具有资源和成本信息的预算信息模型。预算信息模型包括建筑构件的清单项目类型、工程量清单，人力、材料、机械定额和费率等信息。通过此模型，系统能识别模型中的不同构件，并自动提取建筑构件的清单类型和工程量（如体积、质量、面积、长度等）等信息，自动计算建筑构件的资源用量及成本，用以指导实际材料物资的采购。

某工程采用 BIM 模型所显示的不同构件数据如图 5-8所示。

系统根据计划进度和实际进度信息，可以动态计算任意 WBS 节点任意时间段内每日计划工程量、计划工程量累计、每日实际工程量、实际工程量累计，帮助施工管理者实时掌握工程量的计划完工和实际完工情况。在分期结算过程中，每期实际工程量累计数据是结算的重要参考，系统动态计算实际工程量可以为施工阶段工程款结算提供数据支持。

另外，从 BIM 预算模型中提取相应部位的理论工程量，从进度模型中提取现场实际的人工、材料、机械工程量，通过将模型工程量、实际消耗、合同工程量进行短周期三量对比分析，能够及时掌握项目进展，快速发现并解决问题，根据分析结果为施工企业制订精确的人、机、材计划，大大减少了资源、物流和仓储环节的浪费，便于掌握成本分布情况，进行动态成本管理。某工程通过三量对比分析进行动态成本控制如图 5-9 所示。

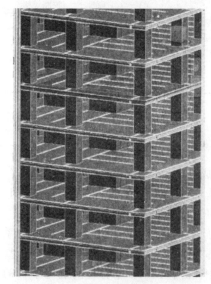

图 5-8　BIM 模型构件生成

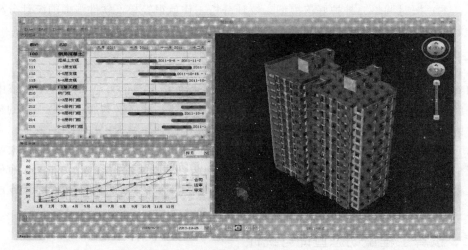

图 5-9　基于 BIM 的三量对比分析

三、限额领料与进度款支付管理

限额领料制度一直很健全，但用于实际却难以实现，主要存在的问题有：材料采购计划数据无依据，采购计划由采购员决定，项目经理只能凭感觉签字；施工过程工期紧，领取材料数量无依据，用量上限无法控制；限额领料的流程不规范，经常事后再补单据。那么如何将材料的计划用量与实际用量进行分析对比？

　　BIM 的出现，为限额领料提供了技术、数据支撑。基于 BIM 软件，在管理多专业和多系统数据时，能够采用系统分类和构件类型等方式对整个项目数据进行管理，为视图显示和材料统计提供规则。例如，给水排水、电气、暖通专业可以根据设备的型号、外观及各种参数分别显示设备，方便计算材料用量，如图 5-10 所示。

图 5-10　暖通与给水排水、消防局部综合模型

　　传统模式下工程进度款申请和支付结算工作较为烦琐，基于 BIM 能够快速准确地统计出各类构件的数量，减少预算的工作量，且能形象、快速地完成工程量拆分和重新汇总，为工程进度款结算工作提供技术支持。

四、以施工预算控制人力资源和物质资源的消耗

　　在进行施工以前，利用 BIM 软件建立模型，通过模型计算工程量，并按照企业定额或上级统一规定的施工预算，结合 BIM 模型，编制整个工程项目的施工预算，作为指导和管理施工的依据。对生产班组的任务安排，必须签收施工任务单和限额领料单，并向生产班组进行技术交底。要求生产班组根据实际完成的工程量和实耗人工、实耗材料做好原始记录，作为施工任务单和限额领料单结算的依据。任务完成后，根据回收的施工任务单和限额领料进行结算，并按照结算内容支付报酬（包括奖金）。为了便于任务完成后进行施工任务单和限额领料单与施工预算的对比，要求在编制施工预算时对每一个分项工程工序名称进行编号，以便对号检索对比，分析节超。

五、设计优化与变更成本管理、造价信息实施追踪

　　BIM 模型依靠强大的工程信息数据库，实现了二维施工图与材料、造价等各模块的有效整合与关联变动，使得实际变更和材料价格变动可以在 BIM 模型中进行实时更新。变更各环节之间的时间被缩短，效率提高，更加及时准确地将数据提交给工程各参与方，以便各方作出有效的应对和调整。

　　目前 BIM 的建造模拟功能已经发展到了 5D 维度。5D 模型集三维建筑模型、施工组织方案、成本及造价三部分于一体，能实现对成本费用的实时模拟和核算，并为后续建设阶段的管理工作所利用，解决了阶段割裂和专业割裂的问题。BIM 通过信息化的终端和 BIM 数据后台将整个工程的造价相关信息顺畅地流通起来，从企业机的管理人员到每个数据的提供者都可以监测，保证了各种信息数据及时准确地调用、查询、核对。

第六章

BIM施工进度控制

BIM 施工进度控制流程

利用 BIM 技术对项目进行进度控制流程如图 6-1 所示。

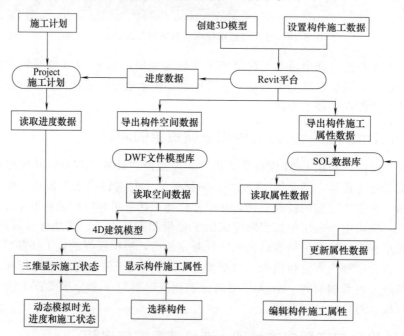

图 6-1　基于 BIM 的项目进度控制流程

BIM 施工进度控制功能

　　BIM 理论和技术的应用，有助于提升工程施工进度计划和控制的效率。一方面，支持总进度计划和项目实施中分阶段进度计划的编制，同时进行总、分进度计划之间的协调平衡，直观高效地管理有关工程施工进度的信息。另一方面，支持管理者持续跟踪工程项目实际进度信息，将实际进度与计划进度在 BIM 条件下进行动态跟踪及可视化的模拟对比，进行工程进度趋势预测，为项目管理人员采取纠偏措施提供依据，实现项目进度的动态控制。

　　基于 BIM 的工程项目进度控制功能设计如图 6-2 所示。

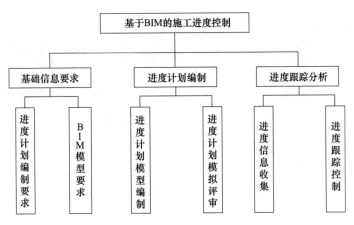

图 6-2　基于 BIM 的施工进度控制功能

第三节　BIM 施工进度控制计划要求

一、进度计划编制要求

编制 BIM 施工进度计划更加有利于现场施工人员准确了解和掌握工程进展。进度计划通常包含工程项目施工总进度计划纲要、总体进度计划、二级进度计划和每日进度计划四个层次。

工程项目施工总进度计划纲要作为重要的纲领性文件，其具体内容应该包括编制说明、工程项目施工概况及目标、现场现状和计划系统、施工界面、里程碑节点等。项目设计资料、工期要求、参建单位、人员物料配置、项目投资、项目所处地理环境等信息可以有效地支持总进度计划纲要的编制。

以某项目进度控制为例，其总进度计划纲要如图 6-3 所示。

❶	任务模式	任务名称	工期	开始时间	完成时间
✶		施工准备	45 days	2009年06月18日	2009年08月19日
✶		▷ 1区施工	532 days	2009年08月19日	2011年09月01日
🔲	➡	▷ 2区施工	535 days	2009年08月19日	2011年09月06日
🔲	➡	室外道排	180 days	2010年10月01日	2011年06月09日
🔲	➡	安装调试	50 days	2011年09月07日	2011年11月15日
🔲	➡	竣工验收	10 days	2011年11月16日	2011年11月29日

图 6-3　总进度计划纲要

总体进度计划由施工总包单位按照施工合同要求进行编制，合理地将工程项目施工工作任务进行分解，根据各个参建单位的工作能力，制订合理可行的进度控制目标，在总进度计划纲要的要求范围内确定本层里程碑节点的开始和完成时间。以上述项目 1 区和 2 区施工为例，里程碑事件的进度信息如图 6-4 所示。

二级进度计划由施工总包单位及分包单位根据总体进度计划要求各自负责编制。以上述项目 1 区施工为例，施工总包单位负责主体结构施工具体进度计划编制；分包单位负责钢桁架、屋面板、玻璃幕墙等专项进度计划编制。以钢桁架及网架吊装施工（含胎架安装）为例，该任务项下二级进度计划的开始时间和结束时间约束在总体进度计划的要求范围内，如图 6-5 所示。

每日进度计划是在二级进度计划基础上进行编制的，它体现了施工单位各专业每日的具

ⓘ	任务模式	任务名称	工期	开始时间	完成时间
		施工准备	45 days	2009年06月18日	**2009年08月19日**
		◢1区施工	**532 days**	**2009年08月19日**	**2011年09月01日**
		主体结构施工	186 days	2009年08月19日	2010年05月05日
		钢桁架及网架吊装施工(含胎架安装)	**80 days**	**2010年05月06日**	**2010年08月25日**
		装饰金属屋面板施工	60 days	2010年08月26日	2010年11月17日
		玻璃幕墙	120 days	2010年09月23日	2011年03月09日
		安装施工	220 days	2010年06月03日	2011年04月06日
		精装修施工	126 days	2011年03月10日	2011年09月01日
		◢2区施工	**535 days**	**2009年08月19日**	**2011年09月06日**
		主体结构施工	190 days	2009年08月19日	2010年05月11日
		钢桁架及网架吊装施工(含胎架安装)	115 days	2010年05月12日	2010年10月19日
		装饰金属屋面板施工	80 days	2010年10月20日	2011年02月08日
		玻璃幕墙	100 days	2010年11月17日	2011年04月05日
		安装施工	220 days	2010年06月09日	2011年04月12日
		精装修施工	120 days	2011年03月23日	2011年09月06日
		室外道排	180 days	2010年10月01日	2011年06月09日
		安装调试	50 days	2011年09月07日	2011年11月15日
		竣工验收	10 days	2011年11月16日	2011年11月29日

图 6-4　工程项目施工总进度计划

ⓘ	任务模式	任务名称	工期	开始时间	完成时间
		施工准备	45 days	2009年06月18日	**2009年08月19日**
		◢1区施工	**532 days**	**2009年08月19日**	**2011年09月01日**
		主体结构施工	186 days	2009年08月19日	2010年05月05日
		◢ 钢桁架及网架吊装施工(含胎架安装)	**80 days**	**2010年05月06日**	**2010年08月25日**
		主桁架安装施工(含胎架安装)	30 days	2010年05月06日	2010年06月16日
		次桁架安装施工	10 days	2010年06月17日	2010年06月30日
		外网架(含胎架安装)	10 days	2010年07月01日	2010年07月14日
		内网架(含胎架安装)	15 days	2010年07月15日	2010年08月04日
		连接体网架(含胎架安装)	15 days	2010年08月05日	2010年08月25日
		夹层梁安装施工	50 days	2010年06月07日	2010年08月13日
		墙架安装施工	10 days	2010年07月12日	2010年07月24日
		屋面檩条及钢支撑安装施工	30 days	2010年07月15日	2010年08月25日
		装饰金属屋面板施工	60 days	2010年08月26日	2010年11月17日
		玻璃幕墙	120 days	2010年09月23日	2011年03月09日
		安装施工	220 days	2010年06月03日	2011年04月06日
		精装修施工	126 days	2011年03月10日	2011年09月01日

图 6-5　工程项目施工二级进度计划

体工作任务,目的是支持工程项目现场施工作业的每日进度控制,并且为 BIM 施工进度模拟提供详细的数据支持,以便实现更为精确的施工模拟和预演,真正实现现场施工过程的每日可控。

二、BIM 施工进度控制模型要求

BIM 模型是 BIM 施工进度控制实现的基础。BIM 模型的建立工作主要应在设计阶段,由设计单位直接完成;也可以委托第三方根据设计单位提供的二维施工图纸进行建模,形成工程的 BIM 模型。

BIM 模型是工程项目基本元素(如门、窗、楼等)的物理和功能特性的数据集合,是一个系统、完整的数据库。图 6-6 所示是采用 Autodesk 公司的建模工具 Revit 建立的工程项目 BIM 实体模型。

BIM 建模软件一般将模型元素分为模型图元、视图图元和标注图元,模型结构如图 6-7 所示。

上述信息模型的数据整合到一起就成为一个互动的"数据仓库"。模型图元是模型中的核心元素,是对建筑实体最直接的反映。基于 BIM 的工程项目施工进度管理涉及的主要模型图元信息如表 6-1 所示。

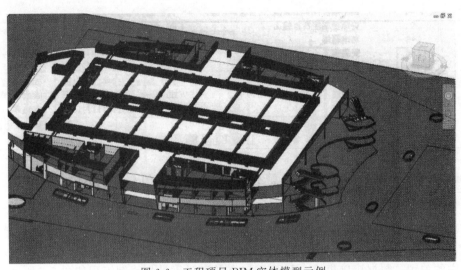

图 6-6 工程项目 BIM 实体模型示例

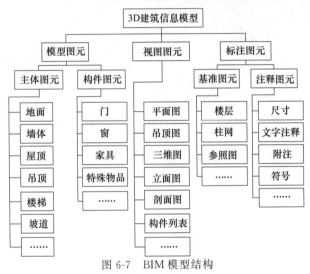

图 6-7 BIM 模型结构

表 6-1 基于 BIM 的施工进度管理 4D 模型

建筑信息	场地信息	地理、景观、人物、植物、道路贴近真实信息
	墙、门窗等建筑构件信息	构件尺寸(长度、宽度、高度、半径等); 砂浆等级、填充图案、建筑节点详图等; 楼梯、电梯、天花板、屋顶、家具等
	定位信息	各构件位置信息、轴网位置、标高信息等
结构信息	梁、板、柱	材料信息、分层做法、梁柱标识、楼板详图、附带节点详图(钢筋布置图)等
	梁柱节点	钢筋型号、连接方式、节点详图
	结构墙	材料信息、分层做法、墙身大样详图、洞口加固等节点详图(钢筋布置图)
水暖电管网信息	管道、机房、附件等	按系统绘制支管线,管线有准确的标高、管径尺寸,添加保温、坡度等信息
	设备、仪表等	基本族、名称、符合标准的二维符号,相应的标高、具体几何尺寸、定位信息等
进度信息	施工进度计划	任务名称、计划开始时间、计划结束时间、资源需求等
	实际施工进度	任务名称、实际开始时间、实际结束时间、实际资源消耗等
	材料供应进度信息	材料生产信息、厂商信息、运输进场信息、施工安装日期、安装操作单位等
	进度控制信息	施工现场实时照片、图表等多媒体资料

续表

附属信息	技术信息	地理及市政资料,影响施工进度管理的相关政策、法规、规定,专题咨询报告,各类前期规划图纸、专业技术图纸、工程技术照片等
	规划设计信息	业主方签发的有关规划、设计的文件,函件,会议备忘录,设计单位提供的二维规划设计图、表、照片等
	单位及项目管理组织信息	项目整体组织结构信息,各参建方组织变动信息,各参建方资质信息,有关施工的会议纪要(进度相关),业主对项目启用目标的变更文件等
	进度控制信息	业主对施工进度要求及进度计划文件,施工阶段里程碑及工程大事记,施工组织设计文件,施工过程进度变更资料等

第四节 BIM 的施工进度计划

BIM 的施工进度计划的第一步是建立 WBS 工作分解结构,一般通过相关软件或系统辅助完成。将 WBS 作业进度、资源等信息与 BIM 模型图元信息链接,即可实现 4D 进度计划,其中的关键是数据接口集成。基于 BIM 的施工进度计划编制流程如图 6-8 所示。

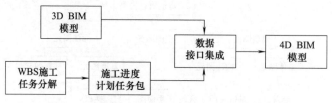

图 6-8 基于 BIM 的施工进度计划编制流程

一、BIM 施工项目 4D 模型构建

BIM 施工项目 4D 模型的构建可以采用多种软件工具来实现,以下为采用 Navisworks Management 和 Microsoft Project 软件工具组合进行施工项目 4D 模型构建方法的介绍。

首先在 Navisworks Management 中导入工程三维实体模型,然后进行 WBS 分解,并确定工作单元进度排程信息,这一过程可在 Microsoft Project 软件中完成,也可在 Navisworks Management 软件中完成(本节将以这两种方式分别为例进行阐述)。工作单元进度排程信息包括任务的名称、编码、计划开始时间、计划完成时间、工期以及相应的资源安排等。

为了实现三维模型与进度计划任务项的关联,同时简化工作量,需先将 Navisworks Management 中零散的构件进行归集,形成一个统一的构件集合,构件集合中的各构件拥有各自的三维信息。在基于 BIM 的进度计划中,构件集合作为最小的工作包,其名称与进度计划中的任务项名称应为一一对应关系。

(1)在 Microsoft Project 中实现进度计划与三维模型的关联 在 Navisworks Management 软件中预留有与各类 WBS 文件的接口,如图 6-9 所示,通过 TimeLiner 模块将 WBS 进度计划导入 Navisworks Management 中,并通过规则进行关联,即在三维模型中附加上时间信息,从而实现项目的 4D 模型构建。

在导入 Microsoft Project 文件时,通过字段的选择来实现两个软件的结合。如图 6-10 所示,左侧为 Navisworks Management 中各构件的字段,而右侧为 Microsoft Project 外部字段,通过选择相应同步 ID(可以为工作名称或工作包 WBS 编码),将构件对应起来,并将三维信息和进度信息进行结合。

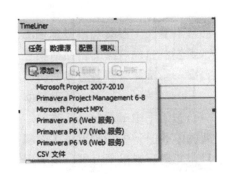

图 6-9　Navisworks Management
与 WBS 文件的接口

图 6-10　Navisworks Management 与
Microsoft Project 关联选择器

　　两者进行关联的基本操作为：将 Microsoft Project 项目通过 TimeLiner 模块中的数据源导入至 Navisworks Management 中，在导入过程中需要选择同步的 ID，然后根据关联规则自动将三维模型中的构件集合与进度计划中的信息进行关联。

　　（2）直接在 Navisworks Management 中实现进度计划与三维模型的关联　Navisworks Management 自带多种实现进度计划与三维模型关联的方式，根据建模的习惯和项目特点可选择不同的方式实现，以下介绍两种较常规的方式。

　　①使用规则自动附着。为实现工程进度与三维模型的关联，从而形成完整的 4D 模型，关键在于进度任务项与三维模型构件的链接。在导入三维模型、构建构件集合库的基础上，利用 Navisworks Management 的 TimeLiner 模块可实现构件集与进度任务项的自动附着，如图 6-11 所示。

图 6-11　TimeLiner 中使用规则自动附着

　　基本操作为：使用 TimeLiner 中"使用规则自动附着"功能，选择规则"使用相同名称、匹配大小写将 TimeLiner 任务从列名称对应到选择集"，如图 6-12 所示，即可将三维模型中的构件集合与进度计划中的任务项信息进行自动关联，随后可根据工程进度输入任务项的 4 项基本时间信息（计划开始时间、计划结束时间、实际开始时间和实际结束时间）以及费用等相关附属信息，实现进度计划与三维模型的关联。

　　②逐一添加任务项。根据工程进展和变更，可随时进行进度任务项的调整，对任务项进行逐一添加，添加进度任务项的操作如图 6-13 所示。

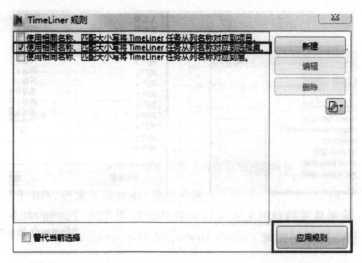

图 6-12　TimeLiner 中任务项名称与集合名称自动关联规则

图 6-13　TimeLiner 模块中添加进度任务项

基本操作为：选择单一进度任务项，点击鼠标右键，选择附着集合，在已构建的构件集合库中选择该进度任务项下应完成构件集合名称，或可直接在集合窗口中选择相应集合，鼠标拖至对应任务项下，即可实现该任务项与构件集合的链接，如图 6-14 所示。

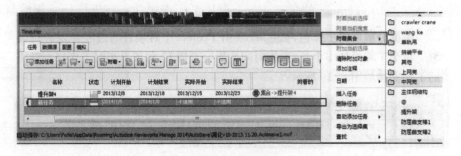

图 6-14　进度任务项与构件集合

上述两种方法均可成功实现 4D 模型的构建，主要区别在于施工任务项与构件集合库进行关联的过程。

使用 Microsoft Project 和 Navisworks Management 中 TimeLiner 的自动附着规则进行施工进度计划的构建时，通过信息导入，可实现施工任务项与三维模型构件集合的自动链接，大大节省了工作时间，需要注意的是任务项名称与构件集合名称必须完全一致，否则将无法进行 4D 识别，进而不能完成两者的自动链接。

在 TimeLiner 中手工进行一项一项的进度链接时，过程复杂，但可根据实际施工过程随时进行任务项的调整，灵活性更高，任务项名称和构件集合名称也无需一致。使用者可根据项目的规模、复杂程度、模型特点和使用习惯选择合适的 4D 模型构建方法。

例如，某门房项目进度计划模型构建如图 6-15～图 6-22 所示。

	WBS编码	任务模式	任务名称	工期	开始时间	完成时间	前置任务	资
1	1.1.1.1	🖈	柱基础	4 个工作日	2013年4月24日	2013年4月29日		
2	1.1.1.2	🖈	基础梁	1 个工作日	2013年4月30日	2013年4月30日	1	
3	1.1.1.3	🖈	底板	1 个工作日	2013年5月1日	2013年5月1日	2	
4	1.2.1.1	🖈	柱	3 个工作日	2013年5月2日	2013年5月6日	3	
5	1.2.1.2	🖈	梁	3 个工作日	2013年5月7日	2013年5月9日	4	
6	1.2.1.3	🖈	板	2 个工作日	2013年5月10日	2013年5月11日	5	
7	1.2.1.4	🖈	钢筋	4 个工作日	2013年5月11日	2013年5月15日	6FS-1 个工作日	
8	1.2.1.5	🖈	外墙	2 个工作日	2013年5月15日	2013年5月16日	7FS-1 个工作日	
9	1.2.1.6	🖈	内墙	1 个工作日	2013年5月17日	2013年5月17日	8	
10	1.2.1.7	🖈	地面	1 个工作日	2013年5月17日	2013年5月17日	8	
11	1.2.1.8	🖈	天棚	2 个工作日	2013年5月20日	2013年5月21日	10	
12	1.2.3.1	🖈	给排水	2 个工作日	2013年5月22日	2013年5月23日	11	
13	1.2.2.1	🖈	天棚抹灰	1 个工作日	2013年5月22日	2013年5月22日	11	
14	1.2.2.2	🖈	地面抹灰	1 个工作日	2013年5月23日	2013年5月23日	13	
15	1.2.2.3	🖈	踢脚	1 个工作日	2013年5月24日	2013年5月24日	14	
16	1.2.2.4	🖈	窗框	1 个工作日	2013年5月24日	2013年5月24日	14	
17	1.2.2.5	🖈	窗户	1 个工作日	2013年5月27日	2013年5月27日	16	
18	1.2.2.6	🖈	门	1 个工作日	2013年5月27日	2013年5月27日	16	
19	1.2.2.7	🖈	地板	3 个工作日	2013年5月28日	2013年5月30日	18	
20	1.2.2.8	🖈	墙裙	2 个工作日	2013年5月28日	2013年5月29日	18	
21	1.2.2.9	🖈	外墙喷漆	3 个工作日	2013年5月30日	2013年6月3日	20	

图 6-15　进度计划安排

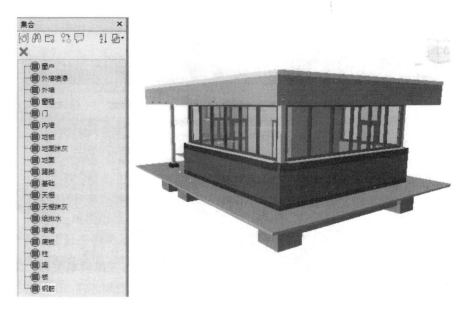

图 6-16　Navisworks Management 中构件集合

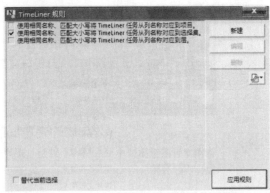

图 6-17　字段选择器窗口　　　　　　　　图 6-18　TimeLiner 规则对话框

已激活	名称	状态	计划开始	计划结束	实际开始	实际结束	任务类型	附着的	总
☑	柱		2013-5-2	2013-5-6	2013-5-2	2013-5-6	Construct	集合 ->柱	
☑	梁		2013-5-7	2013-5-9	2013-5-7	2013-5-9	Construct	集合 ->梁	
☑	板		2013-5-10	2013-5-11	2013-5-10	2013-5-11	Construct	集合 ->板	
☑	钢筋		2013-5-11	2013-5-15	2013-5-11	2013-5-15	Construct	集合 ->钢筋	
☑	外墙		2013-5-15	2013-5-16	2013-5-15	2013-5-16	Construct	集合 ->外墙	
☑	内墙		2013-5-17	2013-5-17	2013-5-17	2013-5-17	Construct	集合 ->内墙	
☑	地面		2013-5-17	2013-5-17	2013-5-17	2013-5-17	Construct	集合 ->地面	

图 6-19　四维构件选择集

图 6-20　构件集合库的建立

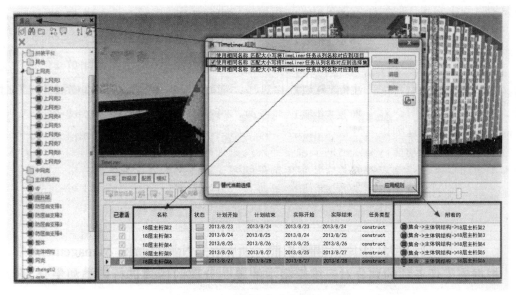

图 6-21　任务项与构件集合的关联

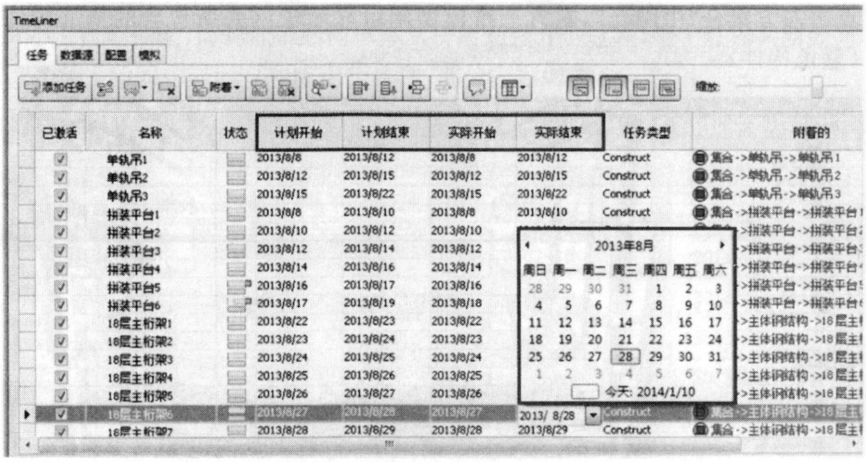

图 6-22　TimeLiner 中时间信息的输入

二、BIM 施工进度计划模拟

　　基于 BIM 的施工进度计划模拟可以分成两类，一类是基于任务层面，另一类是基于操作层面。基于任务层面的 4D 施工进度计划模拟技术是将三维实体模型和施工进度计划关联而来，这种模拟方式能够快速地实现对施工过程的模拟，但是其缺陷在于缺乏对例如起重机、脚手架等施工机械和临时工序及场地资源的关注；而基于操作层面的 4D 施工进度计划模拟则是通过对施工工序的详细模拟，使得项目管理人员能够观察到各种资源的交互使用情况，从而提高工程项目施工进度管理的精确度以及各个任务的协调性。

　　(1) 基于任务层面的 4D 施工进度计划模拟方法　在支持基于 BIM 的施工进度管理的软件工具环境下，可通过其中的模拟功能，对整个工程项目施工进度计划进行动态模拟。以上述门房工程为例，在 4D 施工进度计划模拟过程中，建筑构件随着时间的推进从无到有动态显示。当任务未开始时，建筑构件不显示；当任务已经开始但未完成时，显示为 90% 透明度的亮色（可在软件中自定义透明度和颜色）；当任务完成后就呈现出建筑构件本身的颜色。

在模拟过程中发现任何问题，都可以在模型中直接进行修改。

如图 6-23 所示，梁任务已开始但未完成，显示为 90% 透明度的亮色；柱子和基础部分已经完成，显示为实体本身的颜色。

如图 6-24 所示，软件界面上半部分为施工进度计划 4D 模拟，左上方为当前工作任务时间，下半部分为施工进度计划 3D 模拟操作界面，可以对施工进度计划 4D 模拟进行顺时执行、暂停执行和逆时执行等操作。顺时执行是将进度计划进展过程按时间轴动态顺序演示。逆时执行是将进度计划进展过程反向演示，由整个项目的完成逐渐演示到最初的基础施工。

配合暂停执行功能，可以辅助项目管理人员更加熟悉施工进度计划各个工序间的关系，并在工程项目施工进度出现偏差时，采用倒推的方式对施工进度计划进行分析，及时发现影响施工进度计划的关键因素，并及时进行修改。

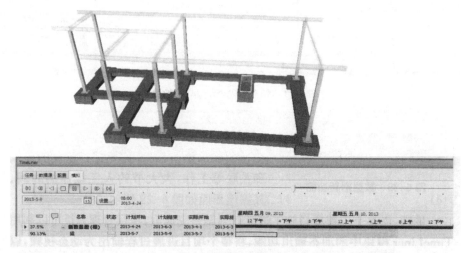

图 6-23 梁柱界面

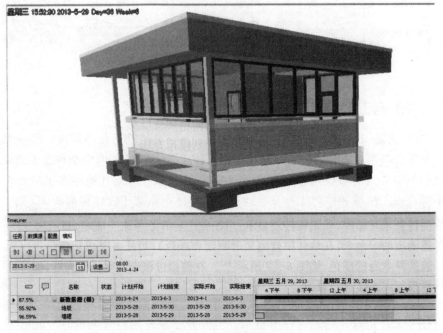

图 6-24 施工模拟界面

　　当施工进度计划出现偏差需要进行修改时，可以首先调整 Microsoft Project 施工进度计划数据源，然后在 Navisworks Management 中对数据源进行刷新操作，即能够实现快速的联动修改，而不需要进行重复的导入和关联等工作，大大节约人工操作的时间。其操作界面如图 6-25 所示。

　　最后，当整个工程项目施工进度计划调整完成后，项目管理人员可以利用 TimeLiner 模块中的动态输出功能，将整个项目进展过程输出为动态视频，以更直观和通用的方式展示建设项目的施工全过程，如图 6-26 所示。

图 6-25　数据刷新功能

图 6-26　进度动态输出界面

　　（2）基于操作层面的 4D 施工进度计划模拟方法　相比于任务层面的 4D 施工进度计划模拟，操作层面的模拟着重表现施工的具体过程。其模拟的精度更细，过程也更复杂，常用于对重要节点的施工具体方案的选择及优化。下面结合一个大型液化天然气（LNG）项目案例进行说明。

　　本案例的内容是阐述 4D 环境下，如何模拟起重机工作状态，包括起吊位置的选择，以及最终选择起重机的最优行驶路线。

　　①起重机的起吊位置定位。起重机的起吊位置是通过计算工作区域决定的。出于安全角度的考虑，起重机只能在特定的区域内工作，通常来说，这个区域在起重机的最大工作半径和最小工作半径之内，如图 6-27 所示。

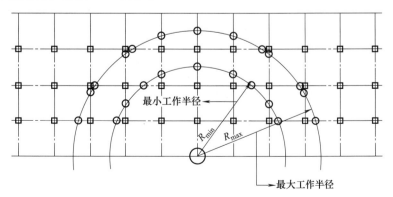

图 6-27　起重机工作半径示意

以履带式起重机为例，如下式所示：

$$K_1 = \frac{M_S}{M_O} \geqslant 1.15$$

$$K_2 = \frac{M_S}{M_O} \geqslant 1.14$$

式中　M_S——固定力矩；

　　　M_O——倾覆力矩；

　　　K_1——在考虑所有荷载下的参数，包括起重机的起重荷载和施加在其上面的其他荷载；

　　　K_2——在考虑起重机的起重荷载下的参数。在大多数的施工中，K_2通常是被用作分析的对象，如下式所示。

$$K_2 = \frac{M_S}{M_O} = \frac{G_1 l_1 + G_2 + l_2 + G_0 l_0 - G_3 d}{Q(R - l_2)} \geqslant 1.4$$

式中　G_0——平衡重力；

　　　G_1——起重机旋转部分的重力；

　　　G_2——起重机不能旋转部分的重力；

　　　G_3——起重机臂的重力；

　　　Q——起重机的起吊荷载；

　　　l_1——G_1重心与支点 A 之间的距离，A 为吊杆一侧的起重机悬臂梁的支点；

　　　l_2——G_2重心与支点 A 之间的距离；

　　　d——G_3重心与支点 A 之间的距离；

　　　l_0——G_0重心与支点 A 之间的距离；

　　　R——工作半径。

因此，最大的工作半径可由下式计算得到：

$$R \leqslant \frac{G_1 l_1 + G_2 l_2 + G_0 l_0 - G_3 d}{k_2 Q} + l_2$$

而最小的工作半径则是由机械工作的安全指南决定。图 6-27 便是一台起重机的起吊点范围确定的示意图。

② 测算起重机的工作路径。图 6-28 所示是施工现场的布置及机械路径示意。

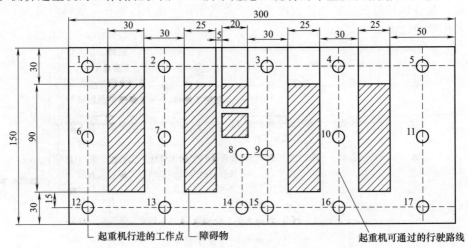

图 6-28　施工现场布置及机械路径示意（单位：m）

在图 6-28 中，阴影部分表示在施工现场的建筑模型，圆圈表示起重机行进的工作点，虚线表示可通过的行驶路线。

由于图中的每个点坐标均可以在 CAD 图纸上找到，因此可以计算出两个工作点之间的距离，用传统的最短路径流程算法我们可以得到一台起重机的工作路线，算法如图 6-29 所示。

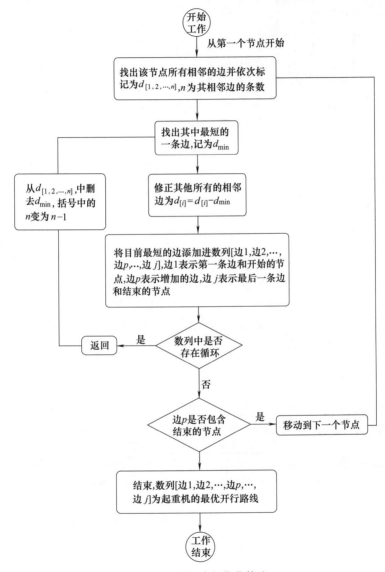

图 6-29　最短路径优化算法

这个程序可通过 Matlab 软件来运行。程序运行之前，需要输入一些起始的数据，包括起始节点的数据，也就是起重机原始位置，终点的位置，所有可通过节点的坐标以及起重机初始位置，哪些点之间可以作为起重机的工作行驶路径。假设起始节点为 1，结束节点为 10，则起重机工作路线的最终计算结果为（1，2），（2，3），（3，4）和（4，10），如图 6-30所示。

假设现场有两种不同的起重机：汽车吊和履带吊。对于某些路线，汽车吊可以通过但是履带吊却不能通过。表 6-2 列出了两种起重机在计算路线时用到的基本数据。

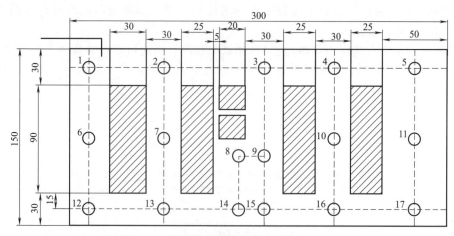

图 6-30　起重机最优路径示意（单位：m）

表 6-2　起重机参数表　　　　　　　　　　　　　　　　　　　单位：m

起重机类型	履带吊	汽车吊
长度	22	4.3
宽度	10	5.5
吊杆最大伸长长度	138	35.2

在实际的施工现场中，起重机工作时应根据准确的空间要求调整吊杆的角度，通常在40°～60°之间。因为吊杆是在一个特定的计算角度，所以必须要考虑到起重机吊杆所在的三维空间的限制，而且因为安全因素，还必须考虑移动的起重机和相邻建筑、工作人员和传送设备之间的距离。例如在图 6-31、图 6-32 中，汽车吊可以通过这条道路，但是履带吊却因为格网状吊杆过长而无法通过。

图 6-31　汽车吊行驶空间示意

图 6-32　履带吊行驶空间示意

如果需要用履带吊来进行工作，则要重新考虑起重机的路线选择问题，为此，需要修改之前的路径选择优化算法，即添加检测路线是否可以通过起重机的判定。用数字 2 代表起重机臂长可以通过邻近模型，数字 0 则代表不能通过。对相应的流程图也作出一定的修改，如图 6-33 所示。

得到的最终优化的起重机工作路线如图 6-34 所示。

其计算结果的模拟路线示意如图 6-35 所示。

此时，在 4D 环境下，根据计算结果，定义起重机的具体路径，即能够实现操作层面的4D 进度演示，如图 6-36 所示。

三、BIM 施工进度跟踪分析

BIM 施工进度跟踪分析的特点包括实时分析、参数化表达和协同控制。通过应用基于

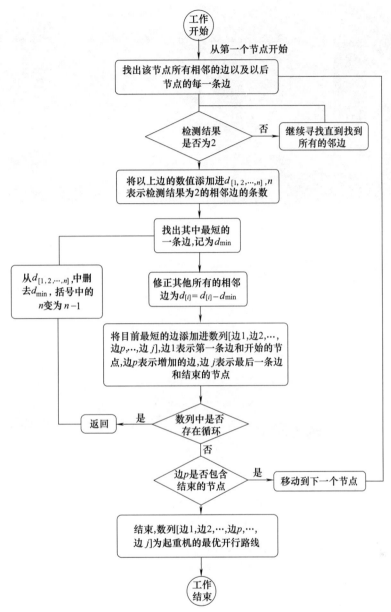

图 6-33 路径优化算法流程

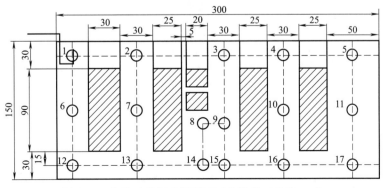

图 6-34 优化后的起重机平面工作路线（单位：m）

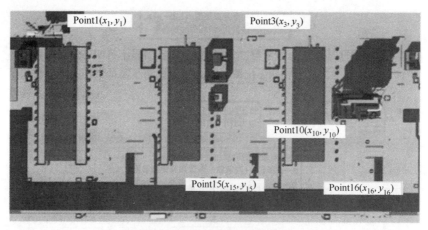

图 6-35　计算模拟路线示意

图 6-36　三维路径示意

BIM 的 4D 施工进度跟踪与控制系统，可以在整个建筑项目的实施过程中实现施工现场与办公所在地之间进度管理信息的高度共享，最大化地利用进度管理信息平台收集信息，将决策信息的传递次数降到最低，保证所作决定的立即执行，提高现场施工效率。

　　基于 BIM 的施工进度跟踪分析主要包括两个核心工作：首先是在建设项目现场和进度管理组织所在工作场所建立一个可以即时互动交流沟通的一体化进度信息采集平台，该平台主要支持现场监控、实时记录、动态更新实际进度等进度信息的采集工作；然后基于该信息平台提供的数据和基于 BIM 的施工进度计划模型，通过基于 BIM 的 4D 施工进度跟踪与控制系统提供的丰富分析工具对施工进度进行跟踪分析与控制，见表 6-3。

表 6-3　BIM 进度跟踪分析内容

类别	内　　容
进度信息收集	构建一体化进度信息采集平台是实现基于 BIM 的施工进度跟踪分析的前提。在项目实施阶段，施工方、监理方等各参建方的进度管理人员利用多种采集手段对工程部位的进度信息进行更新，该平台支持的进度信息采集手段主要包括现场自动监控和人工更新
	（1）现场自动监控 现场监控包括利用视频监控、三维激光扫描等设备对关键工程或者关键工序进行实时进度采集，使进度管理主体不用到现场就能掌握第一手的进度管理资料。 ①通过 GPS 定位或者现场测量定位的方式确定建设项目所在准确坐标。 ②确定现场部署的各种监控设备的控制节点坐标，在现场控制点不能完全覆盖建筑物时还需要增加临时监控点，在控制点上对工程实体采用视频监控、三维激光扫描等方式进行全时段录像、扫

类别	内　容
进度信息收集	描工程实际完成情况,形成监控数据。 　③将监控数据通过网络设备传回到基于 BIM 的 4D 施工进度跟踪与控制系统进行分析处理,为每一个控制点的关键时间节点生成阶段性的全景图形,并与 BIM 进度模型进行对比,计算工程实际完成情况,准确地衡量工程进度。 　(2)人工更新 　对于进度管理小组日常巡视的工程部位也可采用人工更新的手段对 BIM 进度模型进行更新。具体过程包括: 　①进度管理小组携带智能手机、平板电脑等便携式设备进入日常巡视的工程部位。 　②小组人员利用摄像设备对工程部位进行拍照或摄影,如图 6-37 所示,并与 BIM 进度管理模块中的 WBS 工序进行关联。 　③小组人员利用便携式设备上的 BIM 进度管理模块接口对工程部位的形象进度完成百分比、实际完成时间、计算实际工期、实际消耗资源数量等进度信息进行更新,有时还需要调整工作分解结构、删除或添加作业、调整作业间逻辑关系等。 　通过整合各种进度信息采集方式实时上传的视频图片数据、三维激光扫描数据及人工表单数据等,施工进度管理人员可以对目前进度情况作出判断并进行进度更新。项目进展过程中,更新进度很重要,实际工期可能与原定估算工期不同,工作一开始作业顺序也可能更改。此外,还可能需要添加新作业和删除不必要的作业。因此,定期更新进度是进度跟踪与控制的前提
进度跟踪与控制	在项目实施阶段,在更新进度信息的同时,还需要持续跟踪项目进展、对比计划与实际进度、分析进度信息、发现偏差和问题,通过采取相应的控制措施解决已出现的问题,并预防潜在问题以维护目标计划。基于 BIM 的进度管理体系从不同层次提供多种分析方法以实现项目进度的全方位分析。 　BIM 施工进度管理系统提供项目表格、甘特图、网络图、进度曲线、四维模型、资源曲线与直方图等多种跟踪视图。项目表格以表格形式显示项目数据;项目横道图以水平"横道图"格式显示项目数据;项目横道图、直方图以栏位和"横道图"格式显示项目信息,以剖析表或直方图格式显示时间分摊项目数据;四维视图以三维模型的形式动态显示建筑物建造过程;资源分析视图以栏位和"横道图"格式显示资源、项目使用信息,以剖析表或直方图格式显示时间分摊资源分配数据。 　关于计划进度与实际进度的对比一般综合利用横道图对比、进度曲线对比、模型对比完成。基于 BIM 的 4D 施工进度跟踪与控制系统可同时显示三种视图,实现计划进度与实际进度间对比,如图 6-38 所示。 　可以通过设置视图的颜色实现计划进度与实际进度的对比。另外,通过项目计划进度模型、实际进度模型、现场状况间的对比,可以清晰地看到建筑物的"成长"过程,发现建造过程中的进度偏差和其他问题,如图 6-39 所示。 　所有跟踪视图都可用于检查项目,首先进行综合的检查,然后根据工作分解结构、阶段、特定 WBS 数据元素来进行更详细的检查。还可以使用过滤与分组等功能,以自定义要包含在跟踪视图中的信息的格式与层次口引。根据计划进度和实际进度信息,可以动态计算和比较任意 WBS 节点任意时间段内计划工程量和实际工程量,如图 6-40 所示。 　进度情况分析主要包括里程碑控制点影响分析、关键路径分析以及计划与实际进度的对比分析。通过查看里程碑计划以及关键路径,并结合作业实际完成时间,可以查看并预测项目进度是否按照计划时间完成。关键路径分析,可以利用系统中横道视图或者网络视图进行。 　作为施工人员调配、工程材料采购、大型机械的进出场等工作的依据。 　为了避免进度偏差对项目整体进度目标带来的不利影响,需要不断地调整项目的局部目标,并再次启动进度计划的编制、模拟和跟踪,如需改动进度计划则可以通过进度管理平台发出,由现场投影或者大屏幕显示器的方式将计算机处理之后的可视化的模拟施工视频、各种辅助理解图片和视频播放给现场施工班组,现场的施工班组按照确定的纠偏措施动态地调整施工方案,对下一步的进度计划进行现场排编,实现管理效率的最大化。 　综上所述,通过利用 BIM 技术对施工进度进行闭环反馈控制,可以最大程度地使项目总体进度与总体计划趋于一致

图 6-37　进度管理人员人工采集更新

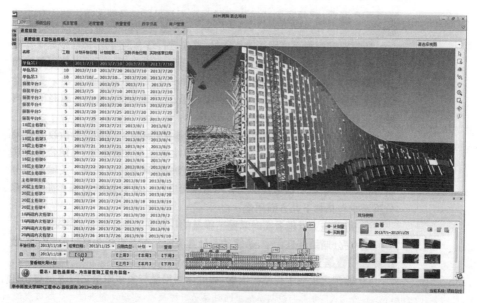

图 6-38　工程项目施工进度跟踪对比分析示例一

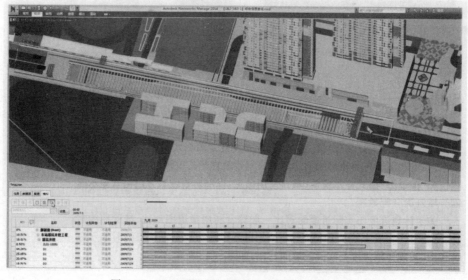

图 6-39　工程项目施工进度跟踪对比分析示例二

图 6-40　4D 进度可视化跟踪视图

第七章

BIM招投标管理应用

BIM 技术的推广与应用，极大地促进了招投标管理的精细化程度和管理水平。在招投标过程中，招标方根据 BIM 模型可以编制准确的工程量清单，达到清单完整、快速算量、精确算量，有效地避免漏项和错算等情况，最大限度地减少施工阶段因工程量问题而引起的纠纷。投标方根据 BIM 模型快速获取正确的工程量信息，与招标文件的工程量清单比较，可以制订更好的投标策略。

第一节 BIM 在招标控制中的应用

在招标控制环节，准确和全面的工程量清单是关键。而工程量计算是招投标阶段耗费时间和精力最多的重要工作。而 BIM 是一个富含工程信息的数据库，可以真实地提供工程量计算所需要的物理和空间信息。借助这些信息，计算机可以快速对各种构件进行统计分析，从而大大减少根据图纸统计工程量带来的烦琐的人工操作和潜在错误，在效率和准确性上得到显著提高。

（1）建立或复用设计阶段的 BIM 模型　在招投标阶段，各专业的 BIM 模型建立是 BIM 应用的重要基础工作。BIM 模型建立的质量和效率直接影响后续应用的成效。模型的建立主要有以下三种途径。

① 直接按照施工图纸重新建立 BIM 模型，这也是最基础、最常用的方式。

② 如果可以得到二维施工图的 AutoCAD 格式的电子文件，利用软件提供的识图转图功能，将 DWG 二维图转成 BIM 模型。

③复用和导入设计软件提供的 BIM 模型，生成 BIM 算量模型。这是从整个 BIM 建立流程来看最合理的方式，可以避免重新建模所带来的大量手工工作及可能产生的错误。

（2）基于 BIM 的快速、精确算量　基于 BIM 算量可以大大提高工程量计算的效率。基于 BIM 的自动化算量方法将人们从烦琐的手工劳动中解放出来，节省更多时间和精力用于更有价值的工作，如询价、评估风险等，并可以利用节约的时间编制更精确的预算。

基于 BIM 算量提高了工程量计算的准确性。工程量计算是编制工程预算的基础，但计算过程非常烦琐，造价工程师容易因各种人为原因而导致很多的计算错误。BIM 模型是一个存储项目构件信息的数据库，可以为造价人员提供造价编制所需的项目构件信息，从而大大减少根据图纸人工识别构件信息的工作量以及由此引起的潜在错误。因此，BIM 的自动化算量功能可以使工程量计算工作摆脱人为因素影响，得到更加客观的数据。

第二节　BIM 在投标过程中的应用

（1）基于 BIM 的施工方案模拟　借助 BIM 可以直观地进行项目虚拟场景漫游，在虚拟现实中身临其境般地进行方案体验和论证。基于 BIM 模型，对施工组织设计方案进行论证，就施工中的重要环节进行可视化模拟分析，按时间进度进行施工安装方案的模拟和优化。对于一些重要的施工环节或采用新施工工艺的关键部位、施工现场平面布置等施工指导措施进行模拟和分析，以提高计划的可行性。在投标过程中，通过对施工方案的模拟，直观、形象地展示给甲方。

（2）基于 BIM 的 4D 进度模拟　建筑施工是一个高度动态和复杂的过程，当前建筑工程项目管理中经常用于表示进度计划的网络计划，由于专业性强、可视化程度低，无法清晰描述施工进度以及各种复杂关系，难以形象地表达工程施工的动态变化过程。通过 BIM 与施工进度计划相链接，将空间信息与时间信息整合在一个可视的 4D（3D＋时间）模型中，可以直观、精确地反映整个建筑的施工过程和虚拟形象进度。4D 施工模拟技术可以在项目建造过程中合理制订施工计划、精确掌握施工进度，优化使用施工资源以及科学地进行场地布置，对整个工程的施工进度、资源和质量进行统一管理和控制，以缩短工期、降低成本、提高质量。此外，借助 4D 模型，施工企业在工程项目投标中将获得竞标优势，BIM 可以让业主直观地了解投标单位对投标项目主要的施工控制方法、施工安排是否均衡、总体计划是否合理等，从而对投标单位的施工经验和实力作出有效评估。

（3）基于 BIM 的资源优化与资金计划　利用 BIM 可以方便、快捷地进行施工进度模拟、资源优化，以及预计产值和编制资金计划。通过进度计划与模型的关联，以及造价数据与进度关联，可以实现不同维度（空间、时间、流水段）的造价管理与分析。

将三维模型和进度计划相结合，模拟出每个施工进度计划任务对应所需的资金和资源，形成进度计划对应的资金和资源曲线，便于选择更加合理的进度安排。

通过对 BIM 模型的流水段划分，可以按照流水段自动关联快速计算出人工、材料、机械设备和资金等的资源需用量计划。这种所"见"即所"用"的方式，不但有助于投标单位制订合理的施工方案，还能形象地展示给甲方。

总之，BIM 对于建设项目生命周期内的管理水平提升和生产效率提高具有常规方式不可比拟的优势。利用 BIM 技术可以提高招投标的质量和效率，有力地保障工程量清单的全面和精确，促进投标报价的科学、合理，提高招投标管理的精细化水平，减少风险，进一步促进招投标市场的规范化、市场化、标准化的发展。可以说 BIM 技术的全面应用，将对建筑行业的科技进步产生无可估量的影响，大大提高建筑工程的集成化程度和参建各方的工作效率。同时，也为建筑行业的发展带来巨大效益，使规划、设计、施工乃至整个项目全生命周期的质量和效益得到显著提高。

第三节　机电设备工程拼装虚拟

在机电工程项目中施工进度模拟优化主要利用 Navisworks 软件对整个施工机电设备进行虚拟拼装，方便现场管理人员及时对部分施工节点进行预演及虚拟拼装，并有效控制进度。

利用三维动画对计划方案进行模拟拼装，更容易让人理解整个进度计划流程，对于不足的环节可加以修改完善，对于所提出的新方案可再次通过动画模拟进行优化，直至进度计划方案合理可行。表 7-1 是传统方式与基于 BIM 的虚拟拼装方式下进度掌控的比较。

表 7-1　传统方式与基于 BIM 的虚拟拼装方式进度掌控比较

项目	传统方式	基于 BIM 的虚拟拼装方式
物资分配	粗略	精确
控制方式	通过关键节点控制	精确控制每项工作
现场情况	做了才知道	事前已规划好,仿真模拟现场情况
工作交叉	以人为判断为准	各专业按协调好的图纸施工

传统施工方案的编排一般由手工完成,烦琐、复杂且不精确,在通过 BIM 软件平台模拟应用后,这项工作变得简单、易行。而且,通过基于 BIM 的 3D、4D 模型演示,管理者可以更科学、更合理地对重点、难点进行施工方案模拟预拼装及施工指导。施工方案的好坏对于控制整个施工工期的重要性不言而喻,BIM 的应用提高了专项施工方案的质量,使其更具有可建设性。

图 7-1　某超高层项目板式交换器施工虚拟吊装方案

在机电设备项目中通过 BIM 的软件平台,采用立体动画的方式,配合施工进度,可精确描述专项工程概况及施工场地情况,依据相关的法律法规和规范性文件、标准、图集、施工组织设计等模拟专项工程施工进度计划、劳动力计划、材料与设备计划等,找出专项施工方案的薄弱环节,有针对性地编制安全保障措施,使施工安全保障措施的制订更直观、更具有可操作性。例如某超高层项目,结合项目特点拟在施工前将不同的施工方案模拟出来,如钢结构吊装方案、大型设备吊装方案、机电管线虚拟拼装方案等,向该项目管理者和专家讨论组提供分专业、总体、专项等特色化演示服务,给予他们更为直观的感受,帮助确定更加合理的施工方案,为工程的顺利竣工提供保障,图 7-1 为某超高层项目板式交换器施工虚拟吊装方案。

通过 BIM 软件平台可把经过各方充分沟通和交流后建立的四维可视化虚拟拼装模型作为施工阶段工程实施的指导性文件。通过基于 BIM 的 3D 模型演示,管理者可以更科学、更合理地制订施工方案,直接体现施工的界面及顺序。例如,某大厦进行机电工程虚拟拼装方案模拟如下。

① 联合支架及 C 形吊架现场安装,如图 7-2 所示。
② 桥架现场施工安装,如图 7-3 所示。

图 7-2　某走道支架安装模拟

图 7-3　某走道桥架安装模拟

③ 各专业管道施工安装，管道通过添加卡箍固定喷淋主管的方式进行安装，如图 7-4 所示。

④ 空调风管、排烟管道安装，如图 7-5 所示。

图 7-4　某走道水管干线安装模拟

图 7-5　某走道空调风管、排烟管道安装模拟

⑤ 吊顶安装，室内精装，如图 7-6 所示。

总之，机电设备工程可视化虚拟拼装模型在施工阶段中可实现各专业均以四维可视化虚拟拼装模型为依据进行施工的组织和安排，清楚知道下一步工作内容，严格要求各施工单位按图施工，防止返工的情况发生。

借助 BIM 技术在施工进行前对方案进行模拟，可找出问题并给予优化，同时进一步加强施工管理对项目施工进行动态控制。当现场施工情况与模型有偏差时及时调整并采取相应的措施。通过将施工模型与企业实际施工情况不断地对比、调整，能改善企业施工控制能力，调高施工质量，确保施工安全。

图 7-6　某管线吊顶精装模拟

第四节　幕墙工程拼装虚拟

一、幕墙单元板块拼装流程

幕墙单元板块的拼装流程如图 7-7 所示。

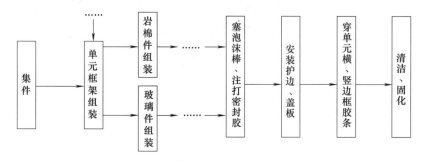

图 7-7　幕墙单元板块拼装流程

一般情况下，幕墙加工厂在工厂内设置单元板块拼装流水作业线——"单元式幕墙生产

线"对单元板块进行拼装。根据项目的需求不同，在幕墙深化设计阶段，应根据所设计的单元板块的特点，设计针对性的拼装工艺流程。拼装工艺流程的合理性对单元板块的品质往往有着决定性的影响。

选择一款合适的软件就可以达到事半功倍的效果。Inventor、Digital Project 等软件都能够胜任这样的工作。但是，相对来说，Inventor 使用成本更低，性价比较高。

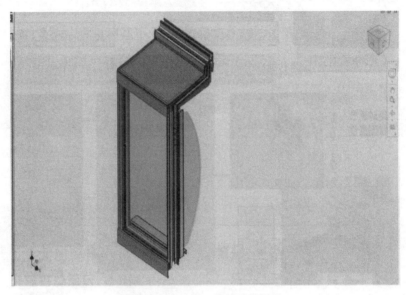

图 7-8　Inventor 模拟组装板块

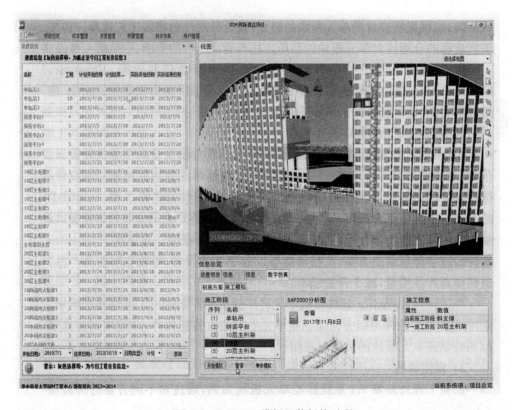

图 7-9　Inventor 模拟组装板块过程

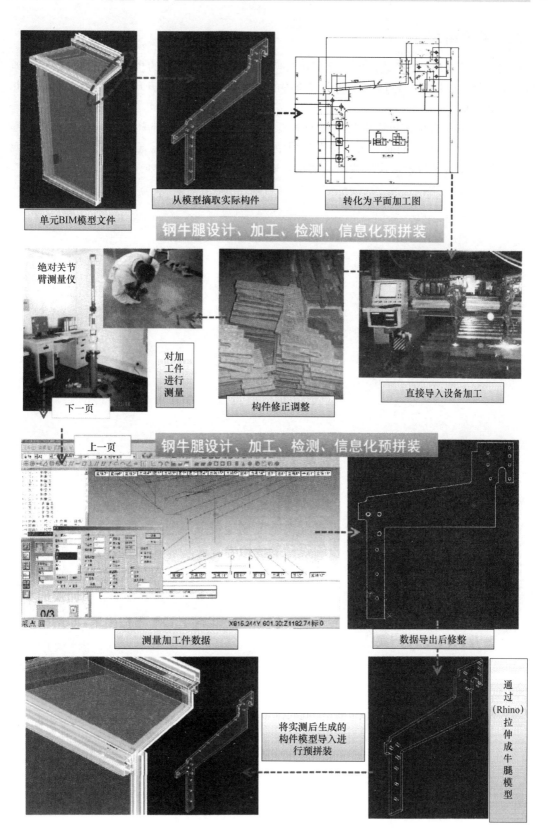

图 7-10　钢牛腿模拟拼装过程

二、模拟拼装

以某工程外幕墙 A1 系统标准单元板块为例，通过对不同方案的拼装模拟，可以直观地分析方案合理性。同时，通过对不同拼装流程的模拟，可以大大提升单元板块拼装精度，并且缩短拼装周期。

通过 Inventor 对单元板块拼装流程的仿真分析，最终将整个外幕墙单元板块拼装流程从 121 步优化为 78 步。同时，根据仿真过程中存在的精度不高的隐患，针对性地设计了四种可调节特制安装平台，与流水线配套使用，确保拼装精确到位，如图 7-8～图 7-10 所示。

第八章
BIM施工应用及模型导入

第一节　BIM 技术施工应用准备内容

一、实施总体安排

1. BIM 实施评估流程

BIM 目标衍生出对应的 BIM 应用，再根据 BIM 应用制订相应的流程。由 BIM 目标、应用及流程确定 BIM 信息交换要求和基础设施要求。BIM 实施前的评估流程如图 8-1 所示。

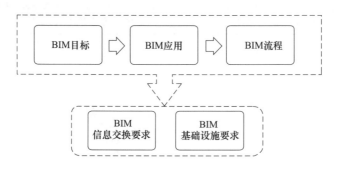

图 8-1　BIM 实施前评估流程

在实际操作过程中，根据项目的特点，结合参建各方对 BIM 系统的实际操控能力，对比 BIM 主导单位制定的目标，可在施工过程中实施的 BIM 应用有：

① 模型维护；

② 深化设计——三维协调；

③ 施工方案模拟；

④ 施工总流程演示；

⑤ 工程量统计；

⑥ 材料管理；

⑦ 现场管理。

2. BIM 模型实施团队组织安排

BIM 模型实施安排见表 8-1。

表 8-1　BIM 模型实施安排

类别	内容
常规 BIM 团队组织构架	以施工单位主导 BIM 工作为例,其常见的组织管理构架主要为成立 BIM 工作室负责 BIM 技术的应用,如图 8-2 所示。此方式的特点在于,团队技术能力较易控制,能迅速解决工程中的问题;缺点在于不利于 BIM 技术的发展及推广,BIM 技术仅局限在一个较小的团队中,由于缺少沟通,无法及时反映工程实际情况,BIM 技术深入实际的程度依赖于 BIM 经理的职业素质和责任心,BIM 技术往往会流于形式,计划、实际两张皮,从长远看,该组织结构的设置也不利于 BIM 技术人员的成长。 在 BIM 技术尚未普及的当下,BIM 人才较为稀缺,不可避免会在项目管理中采用此种机构设置方式
较高级 BIM 团队组织构架	当 BIM 技术发展到一定程度,一定数量的传统技术条线管理人员已掌握 BIM 技术,或企业 BIM 发展水平较高,技术人员除接受传统技术培养外,还系统地掌握了 BIM 技术,则可取消项目管理中 BIM 工作室的设置,将具备 BIM 技能的人员分散到各个部门,BIM 技术作为一种基础性工具来支持日常工作,技术人员能主动地用 BIM 技术解决问题,这将大大提高 BIM 技术在工程管理中的应用程度,充分发挥技术优势
理想的 BIM 团队组织构架	BIM 作为一项全新的技术手段,推动传统建筑行业变革,也必将产生新的工作岗位和职责需求,BIM 总监的职位应运而生。BIM 总监由业主指定,传递业主的投资理念和项目诉求,由 BIM 总监代表业主制订设计任务书和 BIM 要求,接受设计单位交付的 BIM 成果,控制 BIM 模型的质量,形成基于 BIM 的数据库。投资顾问、工程监理、施工单位各条线技术人员共享建筑信息资料,投资顾问根据 BIM 数据库提取工程量清单,形成投资成本分析,工程监理和施工单位根据 BIM 数据库确定施工内容、制订施工方案、组织安排生产。 BIM 的精髓在于协同,协同的方式包括共享和同步,在这样一个理想的组织机构内,由 BIM 团队来产生和维护 BIM 数据库,其他各利益集团共享数据,并随之产生新的数据,新的数据再次共享,不同利益集团各取所需,充分发挥 BIM 应用的巨大优势。以施工单位为主导的理想 BIM 团队组织构架如图 8-3 所示
企业内部 BIM 团队组织构架	各参建单位可根据自身机构设置的特点和项目情况组建 BIM 中心,以支撑多项目的 BIM 技术应用,从事项目 BIM 技术管理,为本单位 BIM 技术发展进行人员储备、团队培养。可参考的企业内部 BIM 团队组织构架如图 8-4 所示,从建模、信息交互、应用、维护几个方面配备人员

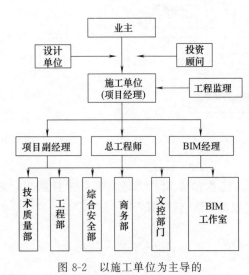

图 8-2　以施工单位为主导的
常规 BIM 团队组织构架

图 8-3　以施工单位为主导的理想
BIM 团队组织构架

3. BIM 模型应用工作内容安排

每一个特定的 BIM 应用都有其详细的工作顺序,包括每个过程的责任方、参考信息的内容和每一个过程中创建和共享的信息交换要求。

以某工程为例,项目 BIM 策划实施背景为:

① 设计单位仅提供二维图纸。

② 施工总承包单位根据设计资料构建模型，并管理 BIM 模型。

③ 分包单位负责深化设计模型及配合工作。

④ BIM 模型应用包括如下内容。

a. 模型维护：通过信息添加和深化设计，将施工图模型提升至竣工图模型。

b. 预制加工：利用三维模型，工厂化预制生产加工管道及构件。

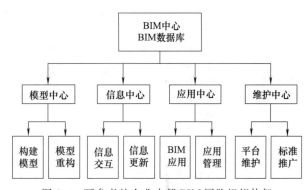

图 8-4 可参考的企业内部 BIM 团队组织构架

c. 三维协调：综合设计协调，排除建筑、结构、机电、装饰等专业间的冲突。

d. 快速成型：采用三维打印或数字化机床生产加工异型构、配件。

e. 三维扫描：三维扫描测量及放线定位。

f. 材料管理：材料跟踪及物流管理。

g. 虚拟施工：虚拟施工演示并优化施工方案。

h. 进度模拟：施工进度模拟。

i. 现场管理：现场安全及场地控制。

j. 工程量计算及分析：工程量统计及成本分析。

（1）BIM 模型实施工作流程 以施工单位为主要工作对象，BIM 工作的流程可参考图8-5。

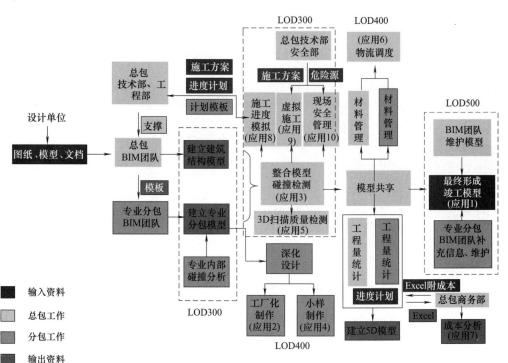

图 8-5　BIM 工作流程参考

（2）BIM 模型应用实施的内容　BIM 模型应用实施内容见表8-2。

表 8-2　BIM 模型应用实施

类别	内　　容
模型构建	完成模型构建,根据设计资料信息(包括材质等),表现设计意图及功能要求,具体工作内容包括: ①三维可视化是 BIM 应用的重要内容,在构建模型后,建筑、结构、机电各专业应首先沟通,检查模型与设计方案差异。 ②对模型的检查主要集中在对工程量统计的对比、设计模型的零碰撞检查和构件的材料、规格检查等方面。 ③工程量统计的对比,进行模型自导工程量与业主提供工程量清单的对比,对比的范围不仅要控制总量,重点还要控制按构件类型划分的分量,分量不合格的模型不能视为正确的模型,应提交业主,要求设计单位修改。 ④设计模型的零碰撞检查,进行建筑、结构、机电各专业之间的碰撞检查分析工作,有碰撞问题及时提交业主,要求设计单位修改。 ⑤构件的材料、规格检查,针对设计说明及设计图纸中的表达,对照模型进行逐一确认,保证模型的材质、规格等信息和 2D 图纸中的表述一致。 ⑥根据工程难点、特点,业主关注重点,安排足够的技术人员进行三维可视化制作,进行建筑、结构、机电各专业的功能化分析
三维管线 综合协调	在复杂的工程中,存在种类繁多的机电管线与建筑结构的空间碰撞问题,碰撞结果输出的形式、碰撞问题描述的详细程度、找寻碰撞位置的方法,在 BIM 软件中有较成熟的应用方案,如图 8-6 所示。 工作内容: ①三维管线综合协调为工程的重要内容,在接收设计模型后,应首先与设计方、业主沟通,确定模型的分区范围。 ②根据土建施工进度计划,并充分估计到审批流程的时间,制订详细的深化设计、碰撞检测、材料加工、设备采购进货、机电安装的完成计划。 ③根据深化设计的进度,进行建筑、结构、机电各工种之间的三维碰撞协调分析,对于体量较小的单体建筑,一次完成全部碰撞检查;对于体量较大的单体建筑,可采用分层分区的方式进行划分,逐次完成碰撞检查
模型维护	完成施工建模、输入施工信息,达到竣工模型要求,如图 8-7 所示。 工作内容: ①完成日常的施工建模工作,包括临时辅助设施、支撑体系等。按照项目 BIM 规划的要求,参考工程部进度计划条目命名方式,完成模型构件命名。 ②按照设计说明及设计图纸中的表达,根据材料报审批情况,完成构件材料综合信息输入。 ③根据工程进度,输入主要建筑构件、设备的施工安装时间,主要依据为挖土令、浇灌令、打桩令、吊装令等。 ④综合考虑运营管理对信息的基本要求,为运营管理阶段的使用,建立模型信息基础
工程量统计	通过对日常模型的维护,完善工程量的统计,为工程决算提供计算依据。 工作内容: ①根据施工模型,对照设计变更单、业主要求等模型修改依据,完成工程量统计。 ②建立反映施工进度成本管理的 5D 模型,估算成本消耗情况,进行资源消耗、现金流情况、成本分析,每月报总包商务部门。 ③阶段工程实物量的统计,配合阶段工程款申请。 ④根据最终的竣工模型,提供工程决算的计算依据
施工进度模拟 与方案演示	施工进度模拟可以形象直观、精确地反映整个项目的施工过程和重要环节,如图 8-8 所示。 工作内容: ①在项目建造过程中合理制订施工方案,掌握施工工艺方法。 ②优化使用施工资源以及科学地进行场地布置,对整个工程的施工进度、资源和质量进行统一管理和控制,以缩短工期、降低成本、提高质量。 ③施工总流程,应根据月、季、年进度计划制订,以双周周报、月报的形式进行提交。 ④施工总流程链接成本信息,对照实际发生成本,进行全过程成本监控。 ⑤根据施工进度情况,动态调整施工总流程模型,在调整中对重要节点进行监控,如深化设计时间、加工时间、设备采购时间、安装时间等,发现问题,立即上报,避免影响工程进度

续表

类别	内　　容
施工方案优化	施工方案优化主要通过对施工方案的经济、技术比较,选择最优的施工方案,达到加快施工进度并能保证施工质量和施工安全,降低消耗的目的,如图8-9所示。 　　施工方案的优化有助于提升施工质量和减少施工返工。通过三维可视化的BIM模型,沟通的效率大大提高,BIM模型代替图纸成为施工过程中的交流工具,提升了施工方案优化的质量。 　　工作内容: 　　①对于存在较大争议的施工方案,围绕技术可行性、工期、成本、安全等方面进行方案优化。 　　②施工方案演示及优化的资料,应在施工方案报审中体现,并作为施工方案不可缺少的一部分提交业主和监理审批。 　　③在施工组织设计编制阶段,应明确施工方案BIM演示的范围,深刻理解"全寿命全过程"的含义,挑选重要的施工环节进行施工方案演示,"重要"环节指的是:结构复杂、施工工艺复杂、影响因素复杂的施工环节。 　　④紧密联系专项施工方案的编制,动态调整模型,此模型不用于工程量统计和信息录入,仅作为施工演示。 　　⑤施工方案的表现应满足清晰、直观、详细的要求,反映施工顺序和施工工艺,先后顺序上遵照进度计划的原则
BIM竣工模型提交和过程记录	工作内容: 　　①根据工程分部分项验收步骤,不晚于分部分项验收时间内提交分部分项竣工模型。 　　②基于BIM的项目管理工作,探索以BIM工具来实现项目管理的质量控制目标、进度控制目标、投资控制目标和安全控制目标,真正改变传统建筑业的粗放式的管理现状,实现精细化的管理。 　　③BIM应用的过程资料非常重要,为此,要求BIM操作全过程记录,对于重点原则和操作的内容,应形成相应的规章制度执行,所形成的资料作为后续或其他工程的参考

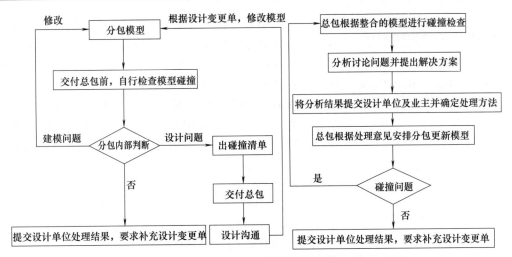

图 8-6　三维管线综合协调流程

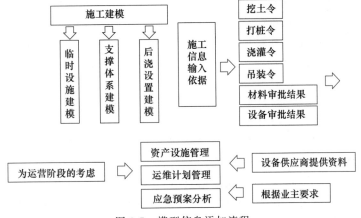

图 8-7　模型信息添加流程

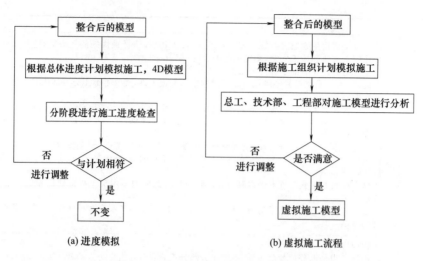

(a) 进度模拟　　　　　　　　　(b) 虚拟施工流程

图 8-8　项目进度模拟与虚拟施工流程

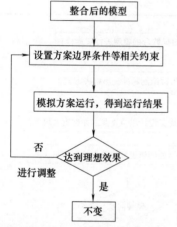

图 8-9　方案模拟及优化流程

二、BIM 技术实施目标确定

在选择某个建设项目进行 BIM 应用实施之前，BIM 规划团队首先要为项目确定 BIM 目标，这些 BIM 目标必须是具体的、可衡量的，以及能够促进建设项目的规划、设计、施工和运营成功进行的。

有些 BIM 目标对应于某一个 BIM 应用，也有一些 BIM 目标需要若干个 BIM 应用共同完成。在定义 BIM 目标的过程中可以用优先级表示某个 BIM 目标对该建设项目设计、施工、运营的重要性。

确定 BIM 需要达到什么样的目标，这是 BIM 实施前的首要工作，不同层次的 BIM 目标将直接影响 BIM 的策划和准备工作。表 8-3 是某个建设项目所定义的 BIM 目标案例。

表 8-3　某建设项目定义的 BIM 目标案例

序号	BIM 目标	涉及的 BIM 应用
1	控制、审查设计进度	设计协同管理
2	评估变更带来的成本变化	工程量统计，成本分析
3	提高设计各专业效率	设计审查，3D 协调，协同设计
4	绿色设计理念	能耗分析，节地分析，节水分析，环境评价
5	施工进度控制	建立 4D 模型
6	施工方案优化	施工模拟
7	运维管理	构建运维模型

1. BIM 平台分析

BIM 的精髓在于"协同"，因此应根据应用 BIM 技术目标的不同，选择合适的"协同"方式——BIM 信息整合交互平台，从而实现数据信息共享和决策判断。根据应用 BIM 技术目标的不同，对 BIM 平台选择和分析可参考表 8-4。

表 8-4   BIM 平台选择和分析

BIM 目标	平台特点	BIM 平台选择	备注
技术应用层面	着重于数据整合及操作	Navisworks	兼容多种数据格式、查阅、漫游、标注、碰撞检测、进度及方案模拟、动画制作等
		Tekla BIMsight	强调 3C，即合并模型(combining models)、检查碰撞(checking for conflicts)及沟通(communicating)
		Bentley Navigator	可视化图形环境、碰撞检测、施工进度模拟以及渲染动画
		Trimble Vico Office Suite	BIM 5D 数据整合，成本分析
		Svnchro	
项目管理层面	着重于信息数据交流	Varlt	根据权限、文档及流程管理
		Autodesk Buzzsaw	
		Trello	团队协同管理
		Bentley Projectwise	基于平台的文档、模型管理
		Dassault Enovia	基于树形结构的 3D 模型管理，实现协同设计、数据共享
企业管理层面	着重于决策及判断	Greata	商务、办公、进度、绩效管理
		Dassault Enovia	基于 3D 模型的数据库管理，引入权限和流程设置，可作为企业内部流程管理的平台

2. BIM 技术应用目标

BIM 技术应用目标见表 8-5。

表 8-5   BIM 技术应用目标

类别	内容
企业管理	企业信息化建设的基本思路：根据公司战略目标、组织结构和业务流程，建立以项目管理为核心，资源合理利用为目标及面向未来的知识利用与管理的信息化平台，采用信息技术实现公司运营与决策管理，增强企业管控能力，实现公司总体战略目标。 　　建筑企业正在加快从职能化管理向流程化管理模式的转变，且在向流程化管理转型时，信息系统承担了重要的信息传递和固化流程的任务，基于 BIM 技术的信息化管理平台将促进业务标准化和流程化，成为管理创新的驱动力。除模型管理外，信息化平台还应包括以下五部分： ①OA 办公系统； ②企业运营管理系统； ③决策支持系统； ④预算管理系统； ⑤远程接入系统
项目管理	越来越多的工程项目，在招投标阶段就要求投标人具备相应的 BIM 团队规模、部门设置和 BIM 体系标准；在项目管理过程中要求承包方具备相应的 BIM 操作能力、技术水平和 BIM 管理经验。然而，目前 BIM 在项目管理层面的实施中出现了以下情形： ①投标中盲目响应招标文件的 BIM 要求； ②没有 BIM 执行标准和实施规划； ③团队东拼西凑，投标时设立的 BIM 部门和团队无法兑现落实； ④由于 BIM 标准的欠缺，模型质量低，BIM 操作能力和技术水平差强人意； ⑤BIM 技术仅停留在办公室，未落实到工程管理中。 　　为提高项目管理水平，采用 BIM 技术，按照 BIM"全过程、全寿命"辅助工程建设的原则，改变原有的工作模式和管理流程，建立以 BIM 为中心的项目管理模式，涵盖项目的投资、规划、设计、施工、运营各个阶段。 　　BIM 既是一种工具，也是一种管理模式，在建设项目中采用 BIM 技术的根本目的是为了更好地管理项目。BIM 技术也只有在项目管理中"生根"，才有生存发展的空间，否则浪费了大量的人力物力，却没有得到相应的回报，这也是国内大多数 BIM 工程失败的主要原因。 　　因此，BIM 不是一场"秀"，BIM 技术必须和项目管理紧密结合在一起，BIM 应当成为建筑领域工程师手中的工具，通过其强大功能的示范作用，逐渐代替传统工具，实实在在地为项目管理发挥巨大的作用

续表

类别	内容
项目管理	基于 BIM 技术的工程项目管理信息系统,在以下方面对工程项目进行管理,以充分显示基于 BIM 的项目管理理念。 ①项目前期管理模块。主要是对前期策划所形成的文件和 BIM 成果进行保存和维护,并提供查询的功能。 ②招标投标管理模块。在工程招投标阶段,施工单位对照招标方提供的工程量清单,进行工程量校核,此外还包括对流程、工作分解结构(Work Breakdown Structure,WBS)及合同的约定。 ③进度管理模块。采用 BIM 技术管理进度不等同于 4D 模拟,模拟仅仅是一种记录和追溯,基于 BIM 技术实现的是对进度的比对和分析。 ④质量管理模块。质量管理是一个质量保证体系,通过以验收为核心流程的规范管理和质量文档来实现。质量控制模块则用于对设计质量、施工质量和设备安装质量等的控制和管理。 ⑤投资控制管理模块。在项目实施过程中进行动态成本分析时,需要将模型信息、流程和 WBS 工作任务分解紧密联系在一起,其中模型信息反映了成本的要素,流程反映的是对资金的控制,WBS 反映的是以某种方式划分的施工流程。 ⑥合同管理模块。工程合同管理是对工程项目中相关合同的策划、签订、履行、变更、索赔和争议解决的管理。 ⑦物资设备管理模块。基于工程量统计的材料管理,在施工阶段和运营阶段,为项目管理者提供了运营维护的便利。 ⑧后期运行评价管理模块。项目结束后,项目管理过程中的数据记录,为管理者提供了基于数据库的知识积累
技术应用	从技术应用层面实现 BIM 目标一般指为提高技术水平,而采用一项或几项 BIM 技术,利用 BIM 的强大功能完成某项工作。例如:通过能量模型的快速模拟得到一个使能量效率更高的设计方案,改善能效分析的质量;利用 BIM 模型结构化的功能,对模型中构件进行划分,从而进行材料统计的操作,最终达到材料管理的目的。 从技术应用层面达到某种程度的 BIM 目标,是目前国内 BIM 工作开展的主要内容,以建设项目规划、设计、施工、运营各阶段为例,采用先进的 BIM 技术,改变传统的技术手段,达到更好地为工程服务的目的,传统技术手段与 BIM 技术辅助对比见表 8-6。 从目前 BIM 应用情况来看,技术应用层面的 BIM 目标最易实现,所产生的经济效益和影响最明显,只有在技术领域内大量实现 BIM 应用,才有可能在管理领域采用 BIM 的思维方式。首先达到技术层面的 BIM 目标是实现建筑业信息化管理的前提条件和必经之路

表 8-6 传统技术手段与 BIM 技术辅助对比

所属阶段	技术工作	传统技术手段	BIM 技术辅助
规划阶段	场地分析	文档、图片描述	3D 表现
	采光日照分析	公式计算	3D 动态模拟
	能耗分析	公式计算	
设计阶段	建筑方案分析	文档描述、计算	3D 演示
	结构受力分析	公式计算	模型受力计算
	设计结果交付	2D 出图,效果图	3D 建模,模型
施工阶段	深化设计与加工	2D 图纸	3D 协调,自动生产
	施工方案	文档、图片描述	3D 模拟
	施工进度	进度计划文本	4D 模拟
	材料管理	文档管理	结构化模型管理
	成本分析	事后分析、事后管理	过程控制
	施工现场	静态描述	动态模拟
运营阶段	维修计划	靠经验编制	科学合理编制
	设备管理	日常传统维护	远程操作
	应急预案	靠经验编制	科学数据支撑

三、模型深度划分

BIM 模型是整个 BIM 工作的基础,所有的 BIM 应用都是在模型上完成的,明确哪些内容需要建模、需要详细到何种程度，既要满足应用需求，又要避免过度建模。模型深度等级划分及描述见表 8-7。

表 8-7　模型深度等级划分及描述

深度级数		描述
LOD100	方案设计阶段	具备基本形状，粗略的尺寸和形状，包括非几何数据，界线、面积、位置
LOD200	初步设计阶段	近似几何尺寸，形状和方向，能够反映物体本身大致的几何特性。主要外观尺寸不得变更，细部尺寸可调整，构件宜包含几何尺寸、材质、产品信息（如电压、功率）等
LOD300	施工图设计阶段	物体主要组成部分必须在几何上表述准确，能够反映物体的实际外形，保证不会在施工模拟和碰撞检查中产生错误判断，构件应包含几何尺寸、材质、产品信息（如电压、功率）等。模型包含信息量与施工图设计完成时的 CAD 图纸上的信息量应该保持一致
LOD400	施工阶段	详细的模型实体，最终确定模型尺寸，能够根据该模型进行构件的加工制造，构件除包括几何尺寸、材质、产品信息外，还应附加模型的施工信息，包括生产、运输、安装等方面
LOD500	竣工提交阶段	除最终确定的模型尺寸外，还应包括其他竣工资料提交时所需的信息，资料应包括工艺设备的技术参数、产品说明书/运行操作手册、保养及维修手册、售后信息等

① 若 BIM 应用在施工阶段的施工流程模拟或方案演示方面，该模型可称之为"流程模型"或"方案模型"，模型等级在 LOD300～LOD400 之间。

② 若 BIM 应用在运维阶段运营管理方面，该模型称之为"运维模型"，模型等级最高，为 LOD500 等级，包括所有深化设计的内容、施工过程信息以及满足运营要求的各种信息。

建筑、结构、给排水、暖通、电气专业 LOD100～LOD500 等级的模型，其信息列表可参考表 8-8～表 8-12。

表 8-8　建筑专业 LOD100～LOD500 等级 BIM 模型信息种类

深度等级	LOD100	LOD200	LOD300	LOD400	LOD500
场地	不表示	简单的场地布置。部分构件用体量表示	按图纸精确建模。景观、人物、植物、道路贴近真实	—	—
墙	包含墙体物理属性（长度、厚度、高度及表面颜色）	增加材质信息，含粗略面层划分	详细面层信息，材质要求、防火等级，附节点详图	墙材生产信息，运输进场信息、安装操作单位等	运营信息（技术参数、供应商、维护信息等）
建筑柱	物理属性：尺寸，高度	带装饰面，材质	规格尺寸、砂浆等级、填充图案等	生产信息，运输进场信息、安装操作单位等	运营信息（技术参数、供应商、维护信息等）
门、窗	同类型的基本族	按实际需求插入门、窗	门窗大样图，门窗详图	进场日期、安装日期、安装单位	门窗五金件及门窗的厂商信息、物业管理信息
屋顶	悬挑、厚度、坡度	加材质、檐口、封檐带、排水沟	规格尺寸、砂浆等级、填充图案等	材料进场日期、安装日期、安装单位	材质、供应商信息、技术参数
楼板	物理特征（坡度、厚度、材质）	楼板分层，降板，洞口，楼板边缘	楼板分层细部做法，洞口更全	材料进场日期、安装日期、安装单位	材料、技术参数、供应商信息
天花板	用一块整板代替，只体现边界	厚度，局部降板，准确分割，并有材质信息	龙骨、预留洞口、风口等，带节点详图	材料进场日期、安装日期、安装单位	全部参数信息
楼梯（含坡道、台阶）	几何形体	详细建模，有栏杆	楼梯详图	运输进场日期、安装单位、安装日期	运营信息（技术参数、供应商）

续表

深度等级	LOD100	LOD200	LOD300	LOD400	LOD500
电梯(直梯)	电梯门,带简单的二维符号表示	详细的二维符号表示	节点详图	进场日期、安装日期和单位	运营信息(技术参数、供应商)
家具	无	简单布置	详细布置,并且二维表示	进场日期、安装日期和单位	运营信息(技术参数、供应商)

表 8-9 结构专业 LOD100~LOD500 等级 BIM 模型信息种类

混凝土结构					
深度等级	LOD100	LOD200	LOD300	LOD400	LOD500
板	物理属性,板厚、板长、板宽、表面材质、颜色	类型属性,材质,二维填充表示	材料信息,分层做法,楼板详图,附带节点详图(钢筋布置图)	板材生产信息,运输进场信息、安装操作单位等	运营信息(技术参数、供应商、维护信息等)
梁	物理属性,梁长、宽、高,表面材质、颜色	类型属性,具有异型梁表示详细轮廓,材质,二维填充表示	材料信息,梁标识,附带节点详图(钢筋布置图)	生产信息,运输进场信息、安装操作单位等	运营信息(技术参数、供应商、维护信息等)
柱	物理属性,柱长、宽、高,表面材质、颜色	类型属性,具有异型柱表示详细轮廓,材质,二维填充表示	材料信息,柱标识,附带节点详图(钢筋布置图)	生产信息,运输进场信息、安装操作单位等	运营信息(技术参数、供应商、维护信息等)
梁柱节点	不表示,自然搭接	表示锚固长度,材质	钢筋型号,连接方式,节点详图	生产信息,运输进场信息、安装操作单位等	运营信息(技术参数、供应商、维护信息等)
墙	物理属性,墙厚、长、宽,表面材质、颜色	类型属性,材质,二维填充表示	材料信息,分层做法,墙身大样图,空口加固等节点详图(钢筋布置图)	生产信息,运输进场信息、安装操作单位等	运营信息(技术参数、供应商、维护信息等)
预埋及吊环	不表示	物理属性,长、宽、高物理轮廓。表面材质颜色类型属性,材质,二维填充表示	材料信息,大样详图,节点详图(钢筋布置图)	生产信息,运输进场信息、安装操作单位等	运营信息(技术参数、供应商、维护信息等)
地基基础					
深度等级	LOD100	LOD200	LOD300	LOD400	LOD500
基础	不表示	物理属性,基础长、宽、高,基础轮廓。类型属性,材质,二维填充表示	材料信息,基础大样详图,节点详图(钢筋布置图)	材料进场日期、操作单位与安装日期	技术参数、材料供应商
基坑工程	不表示	物理属性,基坑长、宽、高,表面	基坑维护结构构件长、宽、高及具体轮廓,节点详图(钢筋布置图)	操作日期,操作单位	—
钢结构					
深度等级	LOD100	LOD200	LOD300	LOD400	LOD500
柱	物理属性,钢柱长、宽、高,表面材质、颜色	类型属性,根据钢材型号表示详细轮廓,材质,二维填充表示	材料要求,钢柱标识,附带节点详图	操作安装日期,操作安装单位	材料技术参数、材料供应商、产品合格证等

续表

钢结构					
深度等级	LOD100	LOD200	LOD300	LOD400	LOD500
桁架	物理属性,桁架长、宽、高,无杆件表示,用体量代替,表面材质、颜色	类型属性,根据桁架类型搭建杆件位置,材质,二维填充表示	材料信息,桁架标识,桁架杆件连接构造。附带节点详图	操作安装日期,操作安装单位	材料技术参数、材料供应商、产品合格证等
梁	物理属性,梁长、宽、高,表面材质、颜色	类型属性,根据钢材型号表示详细轮廓,材质,二维填充表示	材料信息,钢梁标识,附带节点详图		
柱脚	不表示	柱脚长、宽、高用体量表示,二维填充表示	柱脚详细轮廓信息,材料信息,柱脚标识,附带节点详图		

表 8-10 给排水专业 LOD100～LOD500 等级 BIM 模型信息种类

深度等级	LOD100	LOD200	LOD300	LOD400	LOD500
管道	只有管道类型、管径、主管标高	有支管标高	加保温层、管道进设备机房	产品批次、生产日期信息;运输进场日期;施工安装日期、操作单位	管道技术参数、厂家、型号等信息
阀门	不表示	绘制统一的阀门	按阀门的分类绘制		按实际阀门的参数绘制(出产厂家、型号、规格等)
附件	不表示	统一形状	按类别绘制		按实际项目中要求的参数绘制(出产厂家、型号、规格等)
仪表	不表示	统一规格的仪表	按类别绘制		
卫生器具	不表示	简单的体量	具体的类别形状及尺寸		将产品的参数添加到元素当中(出产厂家、型号、规格等)
设备	不表示	有长宽高的简单体量	具体的形状及尺寸		

表 8-11 暖通专业 LOD100～LOD500 等级 BIM 模型信息种类

暖通风道系统					
深度等级	LOD100	LOD200	LOD300	LOD400	LOD500
风管道	不表示	只绘主管线,标高可自行定义,按照系统添加不同的颜色	绘制支管线,管线有准确的标高、管径尺寸。添加保温	产品批次、生产日期信息;运输进场日期;施工安装日期、操作单位	将产品的参数添加到元素当中(出产厂家、型号、规格等)
管件	不表示	绘制主管线上的管件	绘制支管线上的管件		
附件	不表示	绘制主管线上的附件	绘制支管线上的附件,添加连接件		
末端	不表示	只是示意,无尺寸与标高要求	有具体的外形尺寸,添加连接件		
阀门	不表示	不表示	有具体的外形尺寸,添加连接件		
机械设备	不表示	不表示	具体几何参数信息,添加连接件		

暖通水管道系统					
深度等级	LOD100	LOD200	LOD300	LOD400	LOD500
暖通水管道	不表示	只绘主管线,标高可自行定义,按照系统添加不同的颜色	绘制支管线,管线有准确的标高、管径尺寸。添加保温、坡度	产品批次、生产日期信息;运输进场日期;施工安装日期、操作单位	添加技术参数、说明及厂家信息、材质
管件	不表示	绘制主管线上的管件	绘制支管线上的管件		
附件	不表示	绘制主管线上的附件	绘制支管线上的附件,添加连接件		
阀门 设备 仪表	不表示	不表示	有具体的外形尺寸,添加连接件		

表 8-12　电气专业 LOD100～LOD500 等级 BIM 模型信息种类

电气工程					
深度等级	LOD100	LOD200	LOD300	LOD400	LOD500
设备	不建模	基本族	基本族、名称、符合标准的二维符号,相应的标高	添加生产信息、运输进场信息和安装单位、安装日期等信息	按现场实际安装的产品型号深化模型;添加技术参数、说明及厂家信息、材质
母线桥架线槽	不建模	基本路由	基本路由、尺寸标高		
管路	不建模	基本路由、根数	基本路由、根数、所属系统		
水泵 污泥泵 风机 流量计 阀门 紫外消毒设备	不建模	基本类别和族	长、宽、高限制,技术参数和设计要求	添加生产信息、运输进场信息和安装日期信息	按现场实际安装的产品型号深化模型;添加技术参数、产品说明书/运行操作手册、保养及维修手册、售后信息等

四、BIM 模型构建要求

1. 建模原则

（1）准确性　梁、墙构件横向起止坐标必须按实际情况设定,避免出现梁、墙构件与柱重合情况。楼板与柱、梁的重合关系应根据实际情况建模。

（2）合理性　模型的构建要符合实际情况,例如,施工阶段应用 BIM 时,模型必须分层建立并加入楼层信息,不允许出现一根柱子从底层到顶层贯通等与实际情况不符的建模方式。墙体、柱结构等跨楼层的结构,建模时必须按层断开建模,并按照实际起止标高构建。

（3）一致性　模型必须与 2D 图纸一致,模型中无多余、重复、冲突构件现象。

在项目各个阶段（方案、扩初、深化、施工、竣工）,模型要跟随深化设计及时更新。模型反映对象名称、材料、型号等关键信息。

所有墙板模型单元上的开洞都必须采用编辑边界的形式绘制,以保证模型内容与工程实际情况一致。

对以工程量统计为目的的建模项目,还需参考《建设工程工程量清单计价规范》（GB 50500—2013）及其附录工程量计算规则进行建模。

总之，建立模型需要保证 BIM 应用的目的、建模工作量、准确性和建模成本的平衡，做到既要满足 BIM 应用，又不过度建模，避免造成工作量的浪费。

2. 模型划分

模型的划分与具体工程特点密切相关。以超高层建筑建模为例，可按单体建筑物所处区域划分模型，对于结构模型可针对不同内容，再分别建立子模型，详见表 8-13。

表 8-13 超高层建筑模型界面划分

专业	区域拆分	模型界面划分
建筑	主楼、裙房、地下结构	按楼层划分
结构	主楼、裙房、地下结构	按楼层划分，再按钢结构、混凝土结构、剪力墙划分
机电	主楼、裙房、地下、市政管线	按楼层或施工缝划分
总图	道路、室外区域、绿化	按区域划分

3. 文件命名要求及结构

（1）文件命名规则 有了清晰的文件目录组织，还需要有清晰的文件命名规则。香港房屋委员会（Hong Kong Housing Authority）的 BIM 标准手册里，把文件命名分 8 个字段、24 个字符进行命名，如图 8-10 所示。

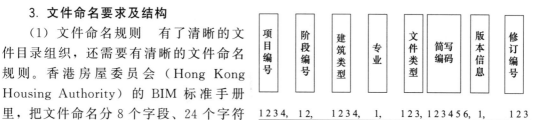

图 8-10 香港房屋委员会 BIM 标准手册文件命名规则

从文件名就可以很容易地解读出该文件的来源，例如：

TM18 __ BLKA A-M-1F ___

其中，"TM18"——项目名称"TuenMunArea18"的缩写；

"__"——项目阶段编号，没有则留空；

"BLKA"——建筑类型为 BlockA；

"A"——建筑专业，"S"为结构专业，"C"为市政专业；

"-M-"——模型文件，"-L-"则为被链接，"-T-"为临时文件；

"1F"——文件简述：1 层，空内容则留空；

"_"——版本信息，A—Z，没有则留空；

"__"——修订编号，如 001，002…没有则留空。

BIM 模型文件名不宜过长，否则将会适得其反。由于香港特别行政区政府文件习惯沿用英语，用英文字母作缩写可以满足命名要求，但如果文件命名使用中文作缩写就有些困难。所以，在参照这个文件命名规则的同时，结合中文的特点，可参考如下规则："项目简称区域-专业系统-楼层"。

与英文缩写不同，使用中文字段不好控制长度，所以不规定字段长度，但用"-"区分，以分隔出字段含义，例如：某项目-1 区-空调-空调水-2 层。

机电设备专业涉及系统，需要在相同专业下再区分系统，如空调专业要区分空调水和风管，有需要时空调水还可以细分为空调供水、空调回水、冷凝水、热水供水、热水回水等。对于大型项目，模型划分越细，后续的模型应用就越灵活。而在建模过程中，划分系统几乎不会增加多少工作量，却为后续模型管理和应用带来极大的便利。

根据我国建筑表示标记的习惯和绘图规范要求，可参考的模型名称缩写见表 8-14（仅列出常用构件）。

表 8-14　模型名称缩写习惯

构件类型		简写	构件类型		简写	构件类型		简写
梁	过梁	GL	柱	构造柱	GZ	剪力墙柱	约束边缘构件	YBZ
	圈梁	QL		框架柱	KZ		构造边缘构件	GBZ
	基础梁	JL		框支柱	KZZ		非边缘暗柱	AZ
	楼梯梁	TL		芯柱	XZ		扶壁柱	FBZ
	框架梁	KL		梁上柱	LZ	剪力墙梁	连梁	LL
	屋面框架梁	WKL		剪力墙上柱	QZ		暗梁	AL
	框支梁	KZL		建筑柱	JZ		边框梁	BKL
	非框架梁	L	墙	承重墙	CZQ	基础	基础主梁	JZL
	悬挑梁	XL		围护墙	WHQ		基础次梁	JCL
	吊车梁	DL		剪力墙	JLQ		基础平板	JLPB
有梁板	楼面板	LB		隔墙	GQ		基础连梁	JLL
	屋面板	WB	桩基承台	阶形承台	CTJ	其他	屋架	WJ
	悬挑板	XB		坡形承台	CTP		桩	ZH
	楼梯板	TB		承台梁	CTL		雨篷	YP
无梁板	柱上板带	ZSB		地下框架梁	DKL		阳台	YT
	跨中板带	KZB					预埋件	M
	纵筋加强带	JQD					天花板	THB

对于一些小型项目，可能一个模型文件就包括了一个项目的所有内容，"项目简称"是必须的。若项目模型都拆分得比较细，文件很多，在严格按照文件目录组织的框架下，文件命名可取消"项目简称"字段，以减小文件名长度。

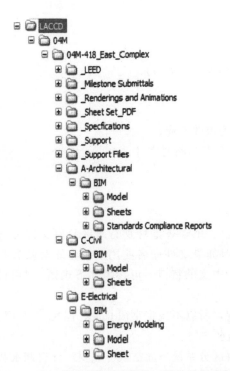

图 8-11　BIM 模型文件目录结构（设计阶段应用）

（2）文件目录结构　由于建设项目的体量较大，构建的模型也比较大，就要拆分成多个模型，但过多的模型文件也会带来文件管理和组织的问题。此外，由于模型大，需要参与项目的人员也多，所以文件目录的目录结构非常重要。

国外的 BIM 标准在这方面都有相应的情形，图 8-11 是洛杉矶社区学院校区（Los Angeles Community College District，LACCD）的 BIM 标准中关于 BIM 模型文件的目录结构。

不同的建模主体，其目录组织是会有区别的。图 8-11 所示的结构指引偏向设计阶段应用，是以专业为主线进行目录组织的。

若项目的应用是在施工和运维阶段，在目录组织上则应以区域为主线进行目录组织，避免各专业模型整合时要跨目录链接的问题，在一个区域里存放所有专业的文件，更容易管理，如图 8-12 所示。

五、模型更新

BIM 模型在使用过程中，由于设计变更、用途调整、深化设计协调等原因，将伴随大量的模型修改和更新工作，事实上，模型的更新和维护是保证 BIM 模型信息数据准确有效的重要途径。模型更新往往遵循以下规则：

① 已出具设计变更单，或通过其他形式已确认修改内容的，需即时更新模型；

② 需要在相关模型基础上进行相应 BIM 应用的，应用前需根据实际情况更新模型；

③ 模型发生重大修改的，需立即更新模型；

④ 除此之外，模型应至少保证每 60d 更新一次。

图 8-12　BIM 模型文件目录结构（施工、运维阶段应用）

六、BIM 模型交付形式

模型交付形式见表 8-15。

表 8-15　模型交付形式

类别	内容
设计单位交付模型	设计方完成施工图设计，同时提交业主 BIM 模型，通过审查后交付施工阶段使用，为保证 BIM 工作质量，对模型质量要求如下： ①所提交的模型，必须都已经经过碰撞检查，无碰撞问题存在； ②严格按照规划的建模要求创建模型，深度等级达到 LOD300； ③严格保证 BIM 模型与二维 CAD 图纸包含信息一致； ④根据约定的软件进行模型构建； ⑤为限制文件大小，所有模型在提交时必须清除未使用项，删除所有导入文件和外部参照链接； ⑥与模型文件一同提交的说明文档中必须包括模型的原点坐标描述、模型建立所参照的 CAD 图纸情况
施工单位交付模型	施工方完成施工安装，同时提交业主 BIM 模型，即为竣工模型，通过审查后将其交付运维阶段，作为试运营方在运维阶段 BIM 实施的模型资料，为保证 BIM 工作质量，对竣工模型质量要求如下： ①所提交的模型，必须都已经经过碰撞检查，无碰撞问题存在； ②严格按照规划的建模要求，在施工图模型 LOD300 深度的基础上添加施工信息和产品信息，将模型深化到 LOD500 等级； ③严格保证 BIM 模型与二维 CAD 竣工图纸包含信息一致； ④深化设计内容反映至模型； ⑤施工过程中的临时结构反映至模型； ⑥竣工模型在施工图模型 LOD300 深度的基础上添加以下信息：生产信息（生产厂家、生产日期等）、运输信息（进场信息、存储信息）、安装信息（浇筑、安装日期，操作单位）和产品信息（技术参数、供应商、产品合格证等）。 在工程实施过程中，根据设计方和施工方模型建造的进展情况，需向业主方和项目管理方分别进行若干次的模型提交，模型提交时间节点、内容要求、格式要求见表 8-16

表 8-16　某项目模型交付形式和深度要求

提交方	提交时间	深度	提交内容格式
设计单位	方案设计完成	LOD100	文件夹 1：模型资料至少包含两项文件，模型文件、说明文档。模型文件夹及文件命名符合规定的命名格式。
设计单位	初步设计完成	LOD200	文件夹 2：CAD 图纸文件和设计说明书，内部可有子文件夹。
设计单位	施工图设计完成	LOD300	文件夹 3：针对过程中的 BIM 应用所形成的成果性文件及其相关说明，如有多项应用，内部设子文件夹
施工单位	竣工完成	LOD500	

第二节　BIM 施工数据准备

数据准备即 BIM 数据库的建立及提取。BIM 数据库是管理每个具体项目海量数据创建、承载、管理、共享支撑的平台。企业将每个工程项目 BIM 模型集成在一个数据库中，即形成了企业级的 BIM 数据库。BIM 技术能自动计算工程实物量，因此 BIM 数据库也包含量的数据。BIM 数据库可承载工程全生命周期几乎所有的工程信息，并且能建立起 4D（3D 实体＋时间）关联关系数据库。这些数据库信息在建筑全过程中动态变化调整，并可以及时准确地调用系统数据库中包含的相关数据，加快决策进度、提高决策质量，从而提高项目质量，降低项目成本，增加项目利润。

建立 BIM 数据库对整个工程项目有着重要的意义，见表 8-17。

表 8-17　BIM 数据库对整个工程项目的意义

意义要点	具体内容
快速算量，精度提升	BIM 数据库的创建，通过建立 6D 关联数据库，可以准确快速计算工程量，提升施工预算的精度与效率。由于 BIM 数据库的数据粒度达到构件级，可以快速提供支撑项目各条线管理所需的数据信息，有效提升施工管理效率
数据调用，决策支持	BIM 数据库中的数据具有可计量（computable）的特点，大量工程相关的信息可以为工程提供数据后台的巨大支撑。BIM 中的项目基础数据可以在各管理部门进行协同和共享，工程量信息可以根据时空维度、构件类型等进行汇总、拆分、对比分析等，保证工程基础数据及时、准确地提供，为决策者进行工程造价项目群管理、进度款管理等方面的决策提供依据
精确计划，减少浪费	施工企业精细化管理很难实现的根本原因在于海量的工程数据无法快速准确获取以支持资源计划，致使经验主义盛行。而 BIM 的出现可以让相关管理条线快速准确地获得工程基础数据，为施工企业制订精确的人、材、机计划提供有效支撑，大大减少了资源、物流和仓储环节的浪费，为实现限额领料、消耗控制提供了技术支撑
多算对比，有效管控	管理的支撑是数据，项目管理的基础就是工程基础数据的管理，及时、准确地获取相关工程数据就是项目管理的核心竞争力。BIM 数据库可以实现任一时点上工程基础信息的快速获取，通过合同、计划与实际施工的消耗量、分项单价、分项合价等数据的多算对比，可以有效了解项目运营是盈是亏，消耗量有无超标，进货分包单价有无失控等问题，实现对项目成本风险的有效管控

第三节　BIM 模型导入、检查及优化

一、BIM 模型导入检查流程及要求

1. 模型导入与检查工作流程

iTWO 一直倡导有效利用 BIM 数据和最大化 BIM 的价值。在应用过程中，反复强调 BIM 概念中的"I"（信息元素）的重要性。要将设计模型由简单 3D 模型中升华，需加入建筑信息，丰富模型内涵，扩展模型应用面。在模型中输入的建筑数据将贯穿建筑与基建的整

个流程和价值链——包括预算编制和投标处理、估价、建造管理、协作平台、成本控制、采购管理等各个方面。

因此，设计端的模型导入模型前，需要按照 iTWO 的建模规则进行检查，并且添加必要的属性信息，主要进行的工作包括以下几项。

（1）构件的几何搭接关系　主要作用是提前设置好构件之间的搭接关系，再由算量组根据项目及规范要求，通过编辑公式实现扣减关系，以满足不同构件重合部分混凝土的归属要求，达到规范的要求。

（2）构件信息属性的添加　主要作用是给构件添加各种不同的信息属性，后期各模块可以通过构件拥有的不同信息进行构件的筛选，从而快速准确地提取想要的构件，方便各模块工作人员对模型的使用。

（3）BIM 数据调优器　该模块中可以查看构件的分类及完整性，调整构件属性信息，修复不容易计算的构件，以满足 iTWO 的计算要求。

（4）冲突报告　检查构件不符合要求的碰撞，通过构件信息及图片形成碰撞报告。

（5）三维模型算量　可以不同需求检查模型属性信息是否有遗漏及错误。

模型导入与检查工作的流程如图 8-13 所示。

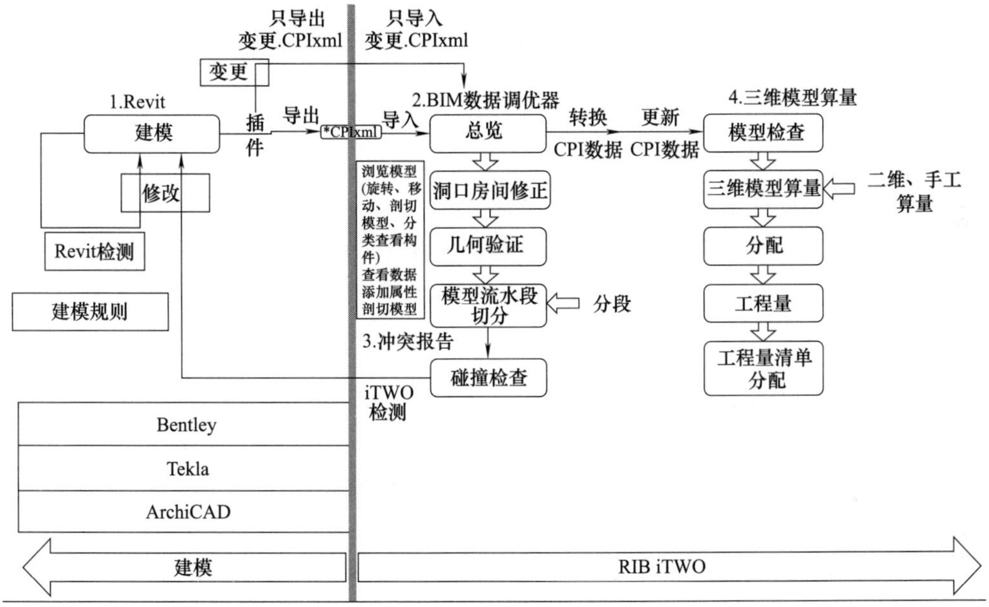

图 8-13　模型导入与检查工作流程

2. BIM 模型对象属性信息要求

为了满足后期算量、计价、施工管理、总控等模块可以通过构件拥有的不同信息进行构件的筛选，从而快速、准确地提取想要的构件，方便各模块工作人员对模型的使用，需要对设计阶段的 BIM 模型添加必要的属性信息。属性信息添加的基本原则为：利用建模工具的属性和单元名称准确表述对象的内涵，各种对象属性命名统一。

以下规则是从 iTWO 使用角度出发。被标记的项目为 iTWO 使用过程中所必要或可能会用到的属性，但从模型的应用角度来看，模型中所应具备的属性包含且不限于如下属性范围，即建模时可在模型中添加技术参数相关属性。下文中提供的内容仅为参考，不限于所列出的种类。

（1）以 Revit 平台为例，建筑结构部分属性添加　见表 8-18。

表 8-18　建筑结构部分属性添加

构件	类型名称	材料名称	标记	注释	功能	名称	顶棚面层	墙面面层	楼板面层
墙	直形墙/弧形墙/挡土墙	钢筋混凝土/砌块	C40P6	内墙/外墙/女儿墙	内墙/外墙	—	—	—	—
梁	矩形/弧形/悬挑/拱形	钢筋混凝土	C40P6	—	—	—	—	—	—
柱	矩形/异形	钢筋混凝土	C40P6	—	—	—	—	—	—
板	有梁板/无梁板	钢筋混凝土	C40P6	—	—	—	—	—	—
基础	条形/独立基础	钢筋混凝土	C40P6	—	—	—	—	—	—
房间	—	—	—	—	—	机房1/商铺	水泥砂浆	水泥砂浆	水泥砂浆

实际工作中，可以按照表 8-19 所列的内容检查模型。

表 8-19　模型检查内容

序号	检查内容	序号	检查内容
1	建筑结构部分构件属性添加原则	7	模型定位及项目基准点的设置
2	建筑结构部分构件属性设置要求	8	钢结构建模规则
3	对象属性信息要求	9	钢结构属性在 Revit 中的设置
4	文件夹命名规则	10	构件的扣减交汇原则
5	模型文件命名规则	11	Revit 中的取消链接应用
6	轻量化处理	12	防火门属性表

（2）MEP 部分构件属性添加规范　管道工程在建模过程中，管道的坡度仅在管道的信息中包含，建模时模型的坡度设置为 0，以免影响计算结果。在命名上，注意 RevitFamilyName 与 RevitTypeName 的区分。RevitFamilyName 是族名称，RevitTypeName 为具体的类型。如防火阀，RevitFamilyName 为"防火阀"，RevitTypeName 为具体的尺寸或者规格（280°，70°），电动防火阀为单独的 RevitFamilyName，不要在 RevitTypeName 中进行区分。

管道设备系统名称（图纸管道上的标注，如 SA、EA、SE 等），统一放在系统类型（system type）里，桥架系统名称统一放在标记（mark）里，在首次提交的模型中就需添加完整。管道及附件的材质信息统一放在注释（comments）里。如有管道保温，保温厚度统一放在保温厚度（instllation thickness）里，保温类型统一放在保温类型（instllation type）里。

设备编号统一放在注释（comments）里，设备所属系统统一放在标记（mark）里。机电模型建模应分地下部分与地上部分。地下部分应分层，地上部分应该分楼栋、分楼层。

机电建模包括给水排水系统、消防系统、暖通系统以及电气系统，主要包括管道、风管、管件、管路附件及设备等。各系统的建模构件名称，均按照"图示名称＋规格/型号/截面尺寸"执行。

按照设计要求，与某一类设备连接时具有共性的构件，如与风机盘管相连接的各类阀门（闸阀、电动二通阀），不建议在模型中一一建出，后期计算时，可依据风机盘管或者空调机组去考虑该部分的工程量，以达到一个对象多种用途的目的，能减轻模型显示的负担，提高建模效率。

由于配管配线在建模过程中的复杂性，建模过程中，管与线是分开的模型对象，虽然前述部分已对相应部分提供了属性添加要求，但该部分不建议在 BIM 模型中建立。对于构件复杂的设备，也建议使用几何尺寸相对简单的对象进行代替。

3. 构件的扣减交汇原则

在 Autodesk Revit（以下简称 Revit）中构件之间的交汇处，默认的几何扣减处理方式不符合 GB 50500—2013 工程量计算规则的要求，所以有必要明确规定构件之间交汇的原则，结合 RIB 计算公式可准确计算出工程量结果。

譬如结构柱与结构板交汇时，Revit 默认处理成结构柱被结构板剪切（图 8-14）。GB 50500—2013 的计算标准是：同种强度框架柱算到板顶（图 8-15）；如遇到无梁板或板的混凝土强度比柱大，柱算到板底（图 8-16）。

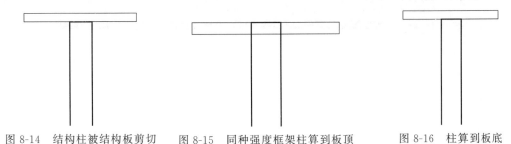

图 8-14　结构柱被结构板剪切　　图 8-15　同种强度框架柱算到板顶　　图 8-16　柱算到板底

构件之间交会的基本原则如下。

① 同一种类构件不应重叠。

② 不同强度不应重叠（混凝土强度大的构件扣减强度小的构件，相同强度不区分先后）。

③ 结构构件应扣减建筑构件（钢筋混凝土构件用 Revit 结构构件绘制）。

主要混凝土构件交汇参考表 8-20 所示要求。

表 8-20　主要混凝土构件交汇要求

Revit优先级别	3	4	—	2	—	1	—
我国规范优先级别	1	2	—	4	—	3	—
规则	RIB需求	Revit默认原则	RIB需求	Revit默认原则	RIB需求	Revit默认原则	RIB需求
柱	不能重叠	结构柱与梁：不重叠。建筑柱与梁：重叠	不能重叠	结构柱与结构墙：柱子被墙扣。结构柱与建筑墙：重叠。建筑柱与结构墙：柱子被墙扣。建筑柱与建筑墙：柱子被墙扣	需要扣减墙(Wall)	结构板与结构柱:柱被板扣。结构板与建筑柱：重叠	应重叠
梁	—	混凝土:不重叠	需要扣减梁(Beam)	梁与结构墙：梁被墙扣。梁与建筑墙：重叠	应重叠	结构板与梁：梁被板扣	需要扣减梁(Beam)
墙	—	—	—	结构墙与结构墙：重叠。建筑墙与建筑墙：重叠。建筑墙与结构墙：不重叠	需要扣减：结构墙(Wall)；建筑墙(Wall)	结构板与建筑墙：重叠。结构板与结构墙：重叠	应重叠
板	—	—	—	—	—	—	不能重叠

二、BIM 模型导入

1. 模型轻量化处理

为了缩小 Revit 文件的体量以及删除多余的信息，在模型交付的时候，需要对 Revit 文件进行清理。

模型清理包含两个方面：外部链接文件和内部多余的族构件、视图样板等。

（1）清除外部链接文件　通过管理面板下的"管理链接"删除多余的外部链接模型和参考图纸（图8-17）。

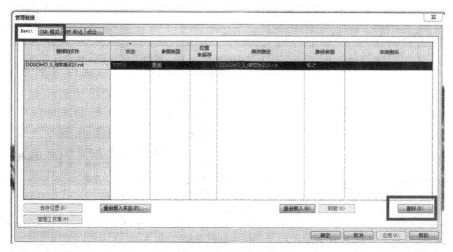

图8-17　消除外部链接文件

（2）清除多余的内部构件　通过管理面板下的"清除未使用项"来清理多余的族构件、模型组和样式（图8-18）。

（3）清除多余的视图样板　通过"视图"→"视图样板"→"查看样板设置"来清除多余的视图样板（图8-19）。

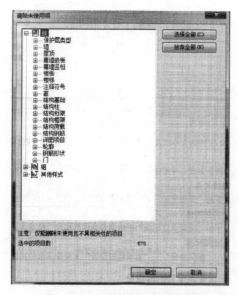

图8-18　清除多余的内部构件

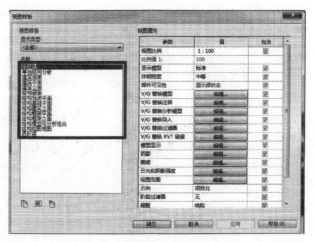

图8-19　清除多余的视图样板

2. 模型导出细致程度和图形质量要求

为了确保工作流程迅速进行，首先需要限制的是数据大小。减少导出几何模型（及其后台的数据）的数量可以达到以下目的：

① 提高导出过程的效率；

② 缩减导出文件的大小；

③ 优化导入应用。

在导出文件中去除干扰信息（非必需属性），从而免去在导入过程中重复删除这些对象所需工作量。

指定粗略或中等，以减少 Revit 视图的详细数据量，从而减少导出对象的数量，控制导出文件的大小，这同样可以使导入程序性能更佳。以空调在 Revit MEP 中的模型为例，表 8-21 概述显示了三种不同的细节层次。

表 8-21　Revit MEP 空调模型的三种细节层次

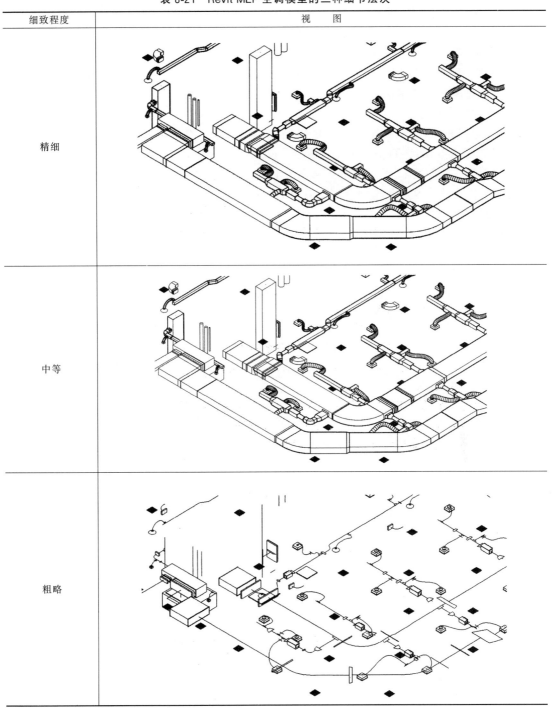

细致程度	视　图
精细	
中等	
粗略	

对于冲突检测或可视化，缩减数据大小的其他选项如下。

（1）关闭图形的可视状态　适当地隐藏视图中的元素种类。例如，可以从 3D 视图的省略地形导出。如果只想渲染一个建筑外观，可以隐藏在建筑物内部出现的对象。这样可以减少对象的数量，减少从 Revit 导入到另一个应用程序的数据量，从而提高性能。

（2）使用区域裁剪　定义特定部分的导出，建议使用三维视图中或二维视图中的区域裁剪。完全落于裁剪区域外的元素将不被包括在导出文件中。这种方法对大型模型特别有用。例如，对于办公楼会议室的室内渲染，使用区域裁剪只导出会议室的 3D 视图，省略建筑其余部分。

3. 导出 CPI

在 iTWO 解决方案中，CPIxml 格式是主流格式，但同时也支持国际上的标准格式 .ifc。iTWO 软件通过 CPI 技术编辑 BIM 模型软件的信息，从而确保项目各阶段数据的统一性和可靠性。

目前已与 iTWO 建立转换格式的 BIM 建模工具已基本囊括行业内多数常用软件，分别包括：Autodesk Revit、Tekla Structures、ArchiCAD、Civil 3D、MicroStataion、Upict。

用户需要注意的是 iTWO 是在三维模型上对建筑信息、相关数据进行管控，其本身并不支持三维模型的修改。若模型有需要修改的，用户需在对应的 BIM 建模工具上进行修正，而后更新到 iTWO 中即可。

下述以 Autodesk Revit 为例。

在导出 CPI 之前，需要安装 iTWO for Revit 的插件。安装完成后，打开 Revit，依次点击 "RIB iTWO"→"附加模块"→"CPI 导出 for RIB iTWO 2014"，如图 8-20 所示。iTWO for Revit 的插件除了可以完成导出 CPI 的工作外，还可以在 Revit 平台下进行 Space/Room 几何形体检查、几何形体相交检查和重复属性检查的工作。

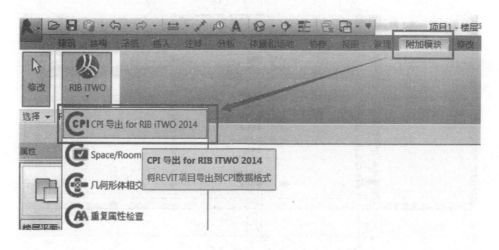

图 8-20　导出 CPI

点击导出 CPI 后，用户会进入属性选择对话框（图 8-21），在属性选择对话框中会显示全部 BIM 属性信息，用户可以在导出前进行优化，选择需要的属性进行导出，以简化模型的信息量，提高运行速度。

在 CPI 导出模块中，选项对话框中可以对导出模型的精细度进行选择，对于大型模型，

图 8-21　属性选择对话框

建议选择"coarse"（粗糙）选项进行导出，如图 8-22 所示。

图 8-22　选项对话框

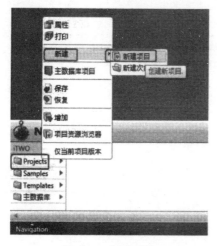

图 8-23　新建项目

三、BIM 模型检查与优化

1. 新建项目

① 在 iTWO 中，需要新建一个项目，然后才可以导入模型数据。

② 点击屏幕左下角的"Navigation"按钮，启动 iTWO 导航。

③ 在目标项目文件集合上点右键，选择"新建"项目，创建新项目，如图 8-23 所示。

2. BIM 数据检查

模型在导入 iTWO 过程中，必须使用 BIM 数据调优器对模型进行检查。BIM 数据调优器包括表 8-22 所示功能。

表 8-22　BIM 数据调优器的功能

功能	作用
总览	查看导入三维模型修改对象属性
洞口	清除点数较多的洞口，以免影响系统运行和算量精度
房间修正	修正不方便计算的房间边界
拆分对象	对构件按照流水段等进行拆分
几何验证	可以总览构件之间的搭接关系

具体操作步骤如下。

（1）将 CPI 数据载入 BIM 数据调优器　右击上一步新建的项目，新建 BIM 数据调优器，选择导出的 CPI 数据文件，载入到 BIM 数据调优器中，如图 8-24 所示。

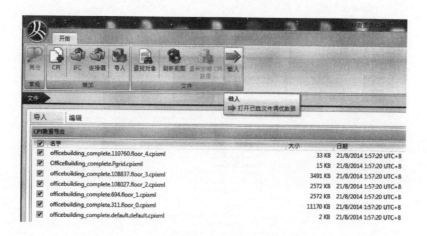

图 8-24　将 CPI 数据载入 BIM 数据调优器

（2）错误和警告　载入过程中，软件会进行 CPI 数据校验，对于重复属性、属性缺少的构件显示警告。用户可以在总览中进行构件属性的修改。

可以右击错误和警告栏中的项目，选择"只显示被包含的对象"，可以仅对显示警告的对象进行修改，如图 8-25 和图 8-26 所示。

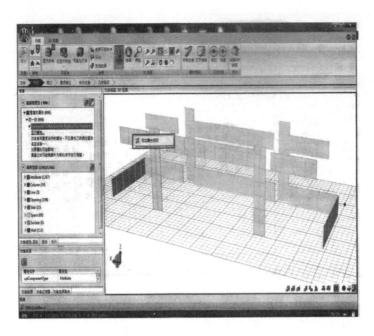

图 8-25　修改警告对象的属性

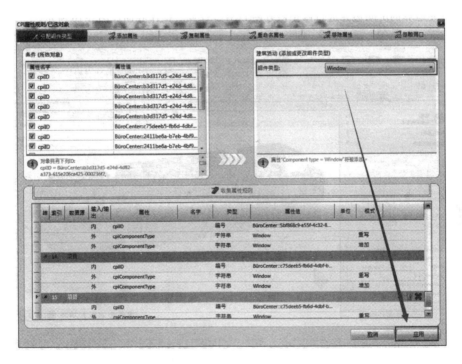

图 8-26　归类构件到所属的构件类型中

（3）洞口修正　当洞口过于复杂时，会影响系统运行以及导致算量不准。为了避免以下情况，应对洞口按图 8-27 所示设置，清除多于 12 个点的洞口，禁用复杂对象的洞口计算。

（4）房间修正　进入房间修正窗口，房间轮廓过于复杂时，使用房间修正功能对房间进

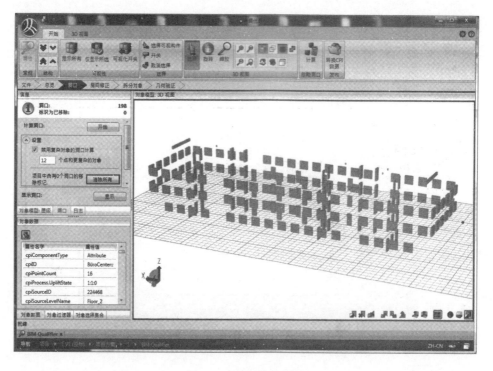

图 8-27　洞口修正设置

行修正，可以把不方便运算的房间边界进行修正，方便 iTWO 计算。操作界面如图 8-28 所示。

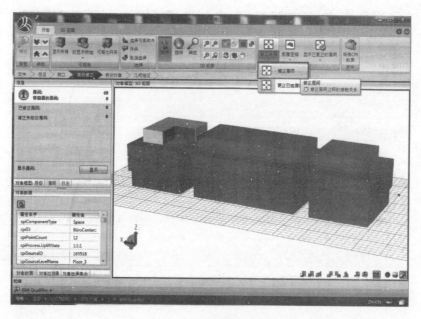

图 8-28　房间修正界面

（5）拆分对象　模型导入后，需要根据标段、施工方案以及施工流水段等因素进行模型拆分，拆分模型工作可以在 BIM 数据调优器中方便地完成。具体操作步骤如下：

　　拆分步骤1：顶视图显示模型，方便选择切割点，如图8-29所示。

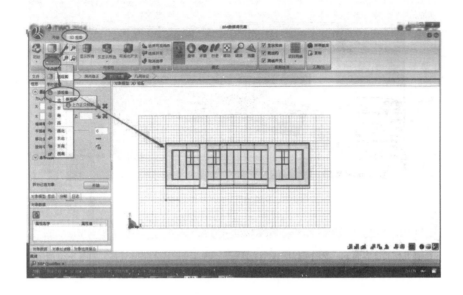

图8-29　调整模型视图

　　拆分步骤2：选择两个切割起始点，形成切割面，如图8-30所示。

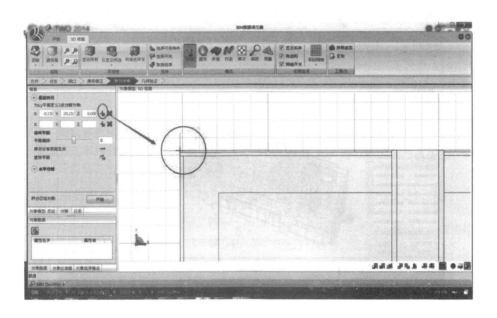

图8-30　选中切割起始点

　　拆分步骤3：设置偏移量，选中需要切割的构件，点击"开始"运行切割，如图8-31所示。

　　拆分步骤4：按住键盘"Shift"键＋鼠标左击，检查构件切割是否成功。

　　（6）几何验证　在几何验证界面下，可以输入相交公差，总览构件之间的搭接关系，如图8-32所示。

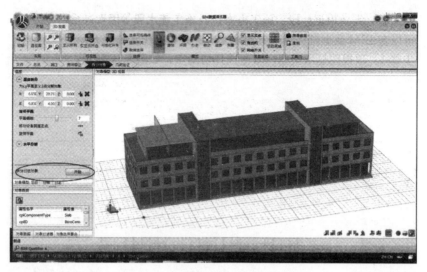

图 8-31　设置偏移量，开始拆分对象

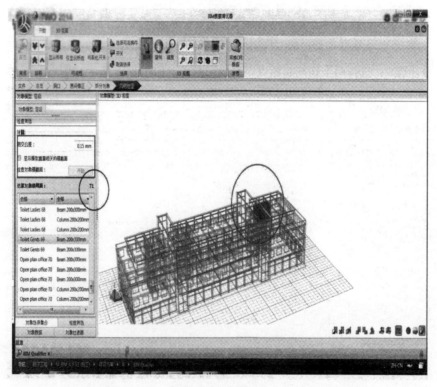

图 8-32　几何验证

3. 与算量相关的模型检查

在算量计价模块中，可以进行与算量相关的模型检查。通过组件类型，检查楼层信息、材质、混凝土强度等级、注释等信息是否正确完整，以保证后期算量模块可以提取到对应的信息。具体操作步骤如下：

（1）右击项目，新建"三维模型算量"。

（2）进入模型检查窗口，通过 CPI 属性筛选，检查楼层信息、材质、混凝土强度等级、注释等信息是否正确完整，如图 8-33 所示。

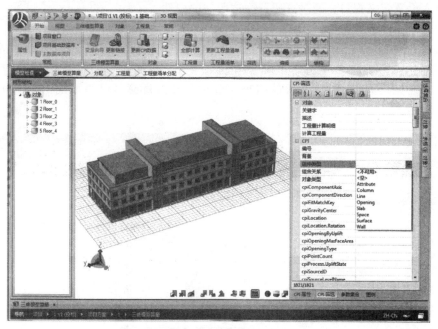

图 8-33 CPI 属性筛选

（3）编辑多模型可视化规则 通过筛选集和分析规则，检测模型的属性信息，让不同模型以不同的颜色表示。例如，可以设置材料名称及材料缺失的对象图例，如图 8-34 所示。

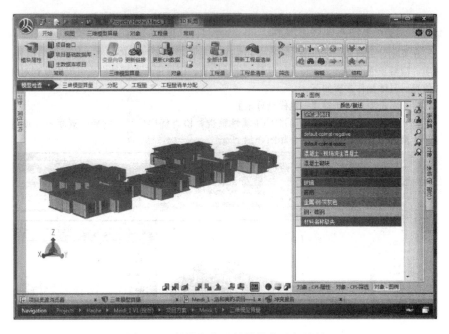

图 8-34 材料名称及材料缺失对象图例

4. 冲突报告

通过与建筑、结构和机电（MEP）模型整合，iTWO 可以进行跨平台、跨专业的碰撞检测，同时利用 iTWO 的模型分析规则对模型的 BIM 信息进行检查。具体操作步骤如下。

① 右击项目，新建"冲突报告"。

② 进入设置定义窗口，通过过滤器筛选所需的构件。

③ 建立多个动态选择集，用来运行冲突检测。

④ 切换到冲突检测窗口，在计算运行面板，添加"计算运行"，点击"计算"按钮，开始进行碰撞计算。

⑤ 进入冲突结果窗口，查看碰撞结果，对有意义的碰撞可以添加说明，建立冲突组，如图 8-35 所示。

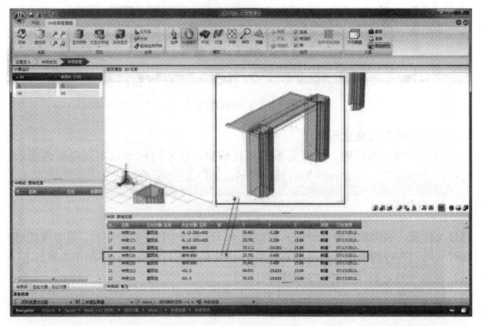

图 8-35　查看冲突结果

第九章

BIM施工造价控制

第一节　BIM 施工造价控制的流程

对施工企业来讲，工程造价管理业务涵盖了整个施工项目全生命周期，因此，BIM 在造价控制中的应用也将涉及不同的项目阶段、不同项目参与方和不同的 BIM 应用点三个维度的多个方面，复杂程度可想而知。所以，如果想保证 BIM 在工程造价管理中的顺利应用和实施，仅仅完成孤立的单个 BIM 任务是无法实现 BIM 效益最大化的，这就需要 BIM 各应用之间按照一定的流程进行集成应用，集成程度是影响整个建设项目 BIM 技术应用效益的重要因素。

BIM 集成应用需要遵循一定的流程，流程包括三部分的内容：第一是流程活动和任务，每一个任务的典型形态可以用图 9-1 表示；第二是任务的输入和输出，完整的 BIM 项目都是由一系列任务按照一定流程组成的，每一个任务的输入都有两个来源，其一是该任务前置任务的输出，其二是该任务责任方的人工输入，人工输入就是完成这个任务所增加的信息；第三就是交换信息，也就是每个

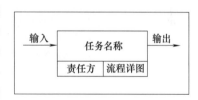

图 9-1　流程节点

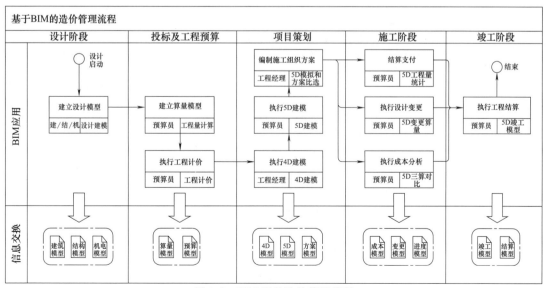

图 9-2　BIM 里的造价管理流程

任务具体输入和输出的信息内容是什么，每一个任务都会在上一个任务节点输出的信息中，根据当前 BIM 应用要求，获取所需要的部分信息，并加入新的造价信息，最终形成完整的造价信息模型。因此统一的 BIM 模型平台是 BIM 集成应用和实施的基础。图 9-2 是 BIM 在工程造价管理中的流程框架。

第二节 BIM 施工预算

对于建筑施工企业来说，工程预算是必不可少的工作，提高其效率和准确性对提高项目经济效益、降低成本至关重要。预算工作形成的工程预算价格是工程造价管理的核心对象，也是工程建设项目管理的核心控制指标之一。因此，提供准确、高效、合理的工程价格信息很重要。工程价格信息的产生主要包括了两个要素：工程量和价格。准确计算这两个要素的工作就是工程量计算和工程计价。

BIM 是包含丰富数据面向对象的具有智能化和参数化特点的建筑设施的数字化表示，BIM 中的构件信息是可运算的信息，借助这些信息计算机可以自动识别模型中的不同构件，并根据模型内嵌的几何和物理信息对各种构件的数量进行统计。正是因为 BIM 的这种特性，使得基于 BIM 的工程量计算具有更好的准确性、快捷性和扩展性。

BIM 工程量计算见表 9-1。

表 9-1　BIM 工程量计算

类别	内容
基于三维模型的工程量计算	BIM 应用强调信息互用，它是协调和合作的前提和基础，BIM 信息互用是指在项目建设过程中各参与方之间、各应用系统之间对项目模型信息能够交换和共享。三维模型是基于 BIM 进行工程量计算的基础，从 BIM 应用和实施的基本要求来讲，工程量计算所需要的模型应该是直接复用设计阶段各专业模型。然而，在目前的实际工作中，专业设计对模型的要求和依据的规范等与造价对 BIM 模型的要求不同，同时，设计时也不会把造价管理需要的完整信息放到设计 BIM 模型中去，设计阶段模型与实际工程造价管理所需模型存在差异。这主要包括： (1)工程量计算工作所需要的数据在设计模型中没有体现，例如，设计模型没有内外脚手架搭设设计； (2)某些设计简化表示的构件在算量模型中没有体现，例如做法索引表等； (3)算量模型需要区分做法而设计模型不需要，例如，内外墙设计在设计模型中不区分； (4)设计 BIM 模型软件与工程量计算软件计算方式有差异，例如，在设计 BIM 模型构件之间的交汇处，默认的几何扣减处理方式与工程量计算规则所要求的扣减规则是不一样的。 造价人员有必要在设计模型的基础上建立算量模型，一般有两种实施方法：其一是按照设计图纸或模型在工程量计算软件中重新建模；其二是从工程量计算软件中直接导入设计模型数据。对于二维图纸而言，市场流行的 BIM 工程量计算软件已经能够实现从电子 CAD 文件直接导入的功能，并基于导入的二维 CAD 图建立三维模型。对于三维设计软件，随着 IFC 标准的逐步推广，三维设计软件可以导出基于 IFC 标准的模型，兼容 IFC 标准的 BIM 工程量计算软件可以直接导入，造价工程师基于模型增加工程量计算和工程计价需要的专门信息，最终形成算量模型。图 9-3 显示了设计模型向算量模型的转换。 从目前实际应用来讲，在基于 BIM 工程量计算的实际工作过程中，由于设计包括建筑、结构、机电等多个专业，会产生不同的设计模型或图纸，这导致工程量计算工作也会产生不同专业的算量模型，包括建筑模型、钢筋模型、机电模型等。不同的模型在具体工程量计算时是可以分开进行的，最终可以基于统一的 IFC 标准和 BIM 图形平台进行合成，形成完整的算量模型，以支持后续的造价管理工作。例如，钢筋算量模型可以用于钢筋下料时钢筋的断料和加工，便于现场钢筋施工时钢筋的排放和绑扎。总之，算量模型是基于 BIM 的工程造价管理的基础。图 9-4 显示了不同专业设计模型通过模型服务器上传后基于统一的规则进行集成，图中左侧的构件列表显示不同专业的模型构件，选择相应构件，图中显示为构件模型图

类别	内容
工程量自动计算	基于BIM的工程量计算主要包含两层含义。 　（1）建筑实体工程量计算的自动化，并且是准确的。BIM模型是参数化的，各类的构件被赋予了尺寸、型号、材料等的约束参数，同时模型中对于某一构件的构成信息和空间、位置信息都精确记录，模型中的每一个构件都是与实际物体一一对应，其中所包含的信息是可以直接用来计算的。因此，计算机可以在BIM模型中根据构件本身的属性进行快速识别分类，在工程量统计的准确率和速度上都得到很大的提高。以墙体的计算为例，计算机可以自动识别软件中墙体的属性，根据模型中有关该墙体的类型和组分信息统计出该段墙体的数量，并对相同的构件进行自动归类。因此，当需要制作墙体明细表或计算墙体数量时，计算机会自动对它进行统计。图9-5显示了土建工程量自动计算结果。 　（2）内置计算规则保证了工程量计算的合规性和准确性。模型参数化除了包含构件自身属性之外，还包括支撑工程量计算的基础性规则，这主要包括构件计算规则、扣减规则、清单及定额规则。构件计算除包含通用的计算规则之外，还包含不同类型构件和地区性的计算规则。通过内置规则，系统自动计算构件的实体工程量。不同构件相交需要根据扣减规则自动计算工程量，在得到实体工作量的基础之上，模型丰富的参数信息可以生成项目特征，根据特征属性自动套取清单项和生成清单项目特征等。在清单统计模式下可同时按清单规则、定额规则平行扣减，并自动套取清单和定额做法。同时，建筑构件的三维呈现也便于工程预算时工程量的计量和核算
关联构件的扣减计算	工程量计算工作中，相关联构件工程量扣减计算一直是耗时较多的工作。首先，构件本身相交部分的尺寸数据计算相对困难，如果构件是异型的，计算就更加复杂。传统的计算是基于二维电子图纸，图纸仅标识了构件自身的尺寸，而没有与相关联构件在空间的关系和交叠数据。人工处理关联部分的尺寸数据，识别和计算工作烦琐，很难做到完整和准确，容易因为纸漏造成计算错误。其次，在我国当前的工程量计算体系中，工程量计算是有规则的，同时，各省或地区的计算规则也不尽相同。例如，混凝土过梁伸入墙内部分工程量不扣，但构造柱、独立柱、单梁、连续梁等伸入墙体的工程量要扣除。除建筑工程量之外，还包括相交部分的钢筋、装饰等具体怎么计算，这些都需要按照各地的计算规则来确定。 　BIM模型中每一个构件除了记录自身尺寸、大小、形状等属性之外，在空间上还包括了与之相关联或相交的构件的位置信息，这些空间信息详细记录了构件之间的关联情况。这样，BIM工程量计算软件就可以得到各构件相交的完整数据。同时，BIM工程量计算软件通过集成各地计算规则库，规则库描述构件与构件之间的扣减关系计算法则，软件可以根据构件关联或相交部分的尺寸和空间关系数据智能化匹配计算规则，准确计算扣减工程量。图9-6显示了关联构件扣减计算
异型构件的计算	在实际工程中，经常遇到复杂的异型建筑造型及节点钢筋，造价人员往往需要花费大量的时间来处理。同时，异型构件与其他构件的关联和相交部分的形状更加不可确定，这无疑给工程量计算增加了难度。传统的计算需要对构件进行切割分块，然后根据公式计算，这必然会花费大量的时间。同时，切割也造成了异型构件工程量计算准确性的降低，特别是一些较小的不规则构件交叉部分的工程量无法计算，只能通过相似体进行近似估算。 　BIM工程量计算软件从两方面解决了异型构件的工程量计算难题。首先，软件对于异型构件工程量计算更加准确。BIM模型详细记录了异型构件的几何尺寸和空间信息，通过内置的数学方法，例如布尔计算和微积分，能够将模型切割分块趋于最小化，计算结果非常精确。其次，软件对于异型构件工程量计算更加全面完整。异型构件一般都会与其他构件产生关联和交叠，这些相交的部分不仅很多，而且形状更加不规则。算量软件可以精确计算这部分的工程量，并根据自定义扣减规则进行总工程量计算。同时，构件空间信息的完整性决定了软件不会遗漏掉任何细小的交叉部位的工程量，使得计算工程量十分完整，进而保证了总工程量的准确性。图9-7显示了异型螺旋楼梯的土建工程量计算

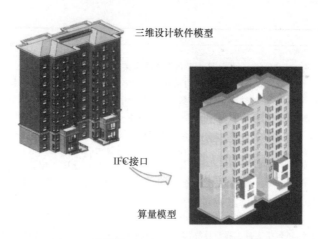

图 9-3 设计模型通过 IFC 转化为算量模型

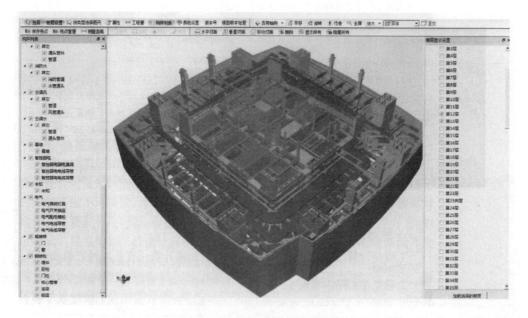

图 9-4 不同专业设计模型集成

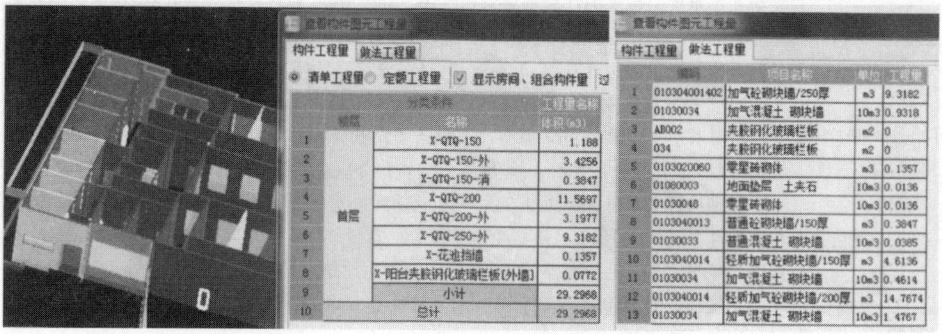

图 9-5 土建工程量自动计算结果

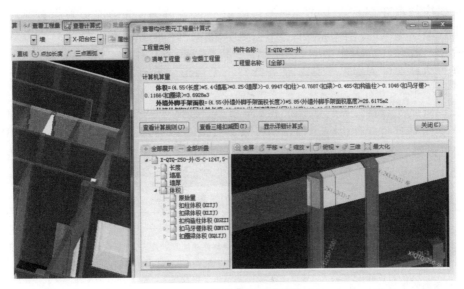

图 9-6   关联构件扣减计算

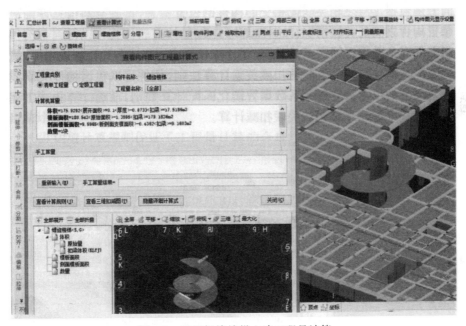

图 9-7   异型螺旋楼梯土建工程量计算

第三节   BIM 施工计价

随着计算机技术的发展，建筑工程预算软件得到了迅速发展和广泛应用。尽管如此，目前工程造价人员仍需要花费大量时间来进行工程预算工作，这主要有几个方面的原因。

第一，清单组价工作量很大。清单项目单价水平主要是由清单的项目特征决定，实质上就是构件属性信息与清单项目特征的匹配问题。在组价时，预算人员需要花费大量精力进行定额匹配工作。第二，设计变更等修改造成造价工作反复较多。由于我国实际的建设工程往往存在"三边工程"现象，图纸不完整情况经常存在，修改频繁，由此产生新的工程量计算结果必须重新组价，并只能手工与之前的计价文件进行合并，无法做到直接合并，造成计价工作的重复和工作量增加。第三，预算信息与后续的进度计划、资源计划、结算支付、变更签证等业务割裂，无法形成联动效应，需要人工进行反复查询修改，效率不高。

基于 BIM 的工程量计算软件形成了算量模型，并基于模型进行精确算量，算量结果可以直接导入 BIM 计价软件进行组价，组价结果自动与模型进行关联，最终形成预算模型。预算模型可以进一步关联 4D 进度模型，最终形成 BIM 5D 模型，并基于 BIM 5D 进行造价全过程的管理。基于 BIM 的工程预算包括以下几方面特点，具体见表 9-2。

表 9-2　基于 BIM 的工程预算特点

类别	内容
基于 BIM 模型的工程量计算和计价一体化	目前市场上的工程量计算软件和计价软件功能是分离的，算量软件只负责计算工程量，对设计图纸中提供的构件信息输入完后，不能传递到计价软件中来，在计价软件中还需重新输入清单项目特征，这样会大大降低工作效率，出错概率也升高了。基于 BIM 的工程工程量计算和计价软件实现计价算量一体化，通过 BIM 算量软件进行工程量计算。同时，通过算量模型丰富的参数信息，软件自动抽取项目特征，并与招标的清单项目特征进行匹配，形成模型与清单关联。在工程量计算完成之后，在组价过程中，BIM 造价软件根据项目特征可以与预算定额进行匹配，实现自动组价功能，或依据历史工程积累的相似清单项目综合单价进行匹配，实现快速组价功能。图 9-8 显示了计价工作与三维模型关联，图左下部为清单，编制方便
造价调整更加快捷	在投标或施工过程中，经常会遇到因为错误或某些需求而发生图纸修改、设计变更，往往需要进行工程量的重新计算或修改，目前的工程量计算软件和计价软件割裂导致变更工程量结果无法导入原始计价文件，需要利用计价软件人工填入变更调整，而且系统不会记录发生的变化。基于 BIM 的计价和工程量计算软件的工作全部基于三维模型，当发生设计修改时，我们仅需要修改模型，系统将会自动形成新的模型版本，并按照原算量规则计算变更工程量，同时根据模型关联的清单定额和组价规则修改造价数据。修改记录将会记录在相应模型上，以支撑以后的造价管理工作
深化设计降低额外费用	在建筑物某些局部会涉及众多的专业，特别是在一些管线复杂的地方，如果不进行综合管线的深化设计和施工模拟，极有可能造成返工，增加额外的施工成本。使用专业的 BIM 碰撞检查和施工模拟软件对所创建的建筑、结构、机电等 BIM 模型进行分析检查，可提前发现设计中存在的问题，并根据检查分析结果，直接在 BIM 算量软件的建模功能下对模型进行调整，并及时更正相应的造价数据，有利于降低施工的时修改带来的额外成本。图 9-9 显示了利用三维模型进行碰撞检查便捷直观的特点
BIM5D 辅助造价全过程管理	工程进度计划在实际应用之中可以与三维模型关联形成 4D(三维模型＋进度计划)模型，同时，将预算模型与 BIM 4D 模型集成，在进度模型的基础上增加造价信息，就形成 BIM 5D 模型。基于 BIM 5D 可以辅助造价全过程的管理。 (1)在预算分析优化过程中，可以进行不平衡报价分析。招投标是一个博弈过程，如何制订合理科学的不平衡报价方案，提高结算价和结算利润是预算编制工作的重点。例如，BIM 5D 可以实现工程实际进度模拟，在模拟过程中，可以非常形象地知道相应清单完成的先后顺序，这样可以利用资金收入的时间先后提高较早完成的清单项目的单价。 (2)在施工方案设计前期，BIM 5D 技术有助于对施工方案设计的详细分析和优化，能协助制订出合理而经济的施工组织流程，这对成本分析、资源优化、工作协调等工作非常有益。 (3)在施工阶段，BIM 5D 还可以动态地显示出整个工程的施工进度，指导材料计划、资金计划等精确及时下达，并进行已完成工程量和消耗材料量的分析对比，及时地发现施工漏洞，从而尽最大可能采取措施，控制成本，提高项目的经济效益。图 9-10 显示了工程预算与 BIM 4D 集成后形成的 BIM 5D 模型。5D 模型是基于 BIM 进行造价管理的基础

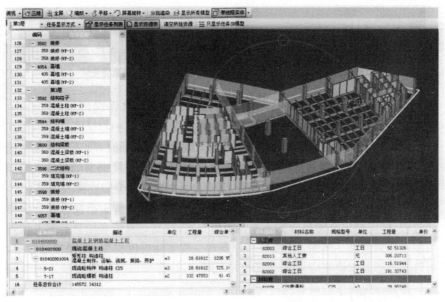

图 9-8　基于 BIM 模型的计价

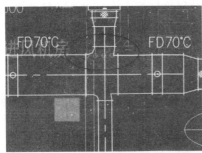

二维图检查困难

三维图直观便捷

图 9-9　碰撞检查

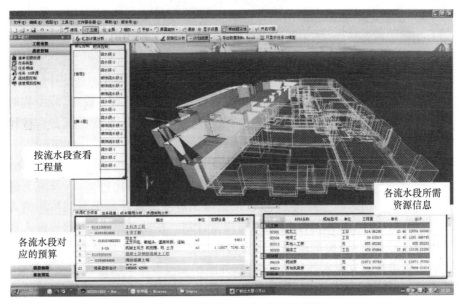

图 9-10　基于 BIM 5D 的造价管理

第四节　BIM 的计量支付

在传统管理模式下，施工总承包企业根据施工实际进度完成情况分阶段进行工程款的回收，同时，也需要按照工程款回收情况和分包工程完成情况，进行分包工程款的支付。这两项工作都要依据准确的工程量统计数据。一方面，施工总包方需要每月向发包方提交已完工程量的报告，同时花费大量时间和精力按照合同以及招标文件要求与发包方核对已完工程量所提交的报告；另一方面还需要核实分包申报的工程量是否合规。计量工作频繁往往使得效率和准确性难以得到保障。

BIM 技术在工程计量计算工作中得到应用后，则完全改变了上述工作状况。首先，由于 BIM 实体构件模型与时间维度相关联，利用 BIM 模型的参数化特点，按照所需条件筛选工程信息，计算机即可自动完成已完工构件的工程量统计，并汇总形成已完工程量表。造价工程师在 BIM 平台上根据已完工程量，补充其他价差调整等信息，可快速准确地统计这一时段的造价信息，并通过项目管理平台及时办理工程进度款支付申请。

从另一个角度看，分包单位也需要按月度进行分包工程计量支付工作，总包单位可以基于 BIM 5D 平台进行分包工程量核实。BIM 5D 在实体模型上集成了任务信息和施工流水段信息，各分包与施工流水段是对应的，这样系统就能清晰识别各分包的工程，进一步识别已完成工程量，降低了审核工作的难度。如果能将分包单位纳入统一 BIM 5D 系统，这样，分包也可以直接基于系统平台进行分包报量，提高工作效率。

最后，这些计量支付单据和相应数据都会自动记录在 BIM 5D 系统中，并关联在一定的模型下，方便以后的查询、结算、统计汇总工作。图 9-11 显示了 BIM 5D 系统与合同管理系统协同，完成进度计量和支付的过程。BIM 5D 系统及时准确地提供了计量单中量的信息。

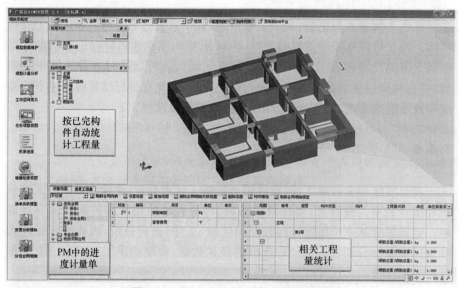

图 9-11　基于 BIM 5D 系统的进度计量

第五节　BIM 造价优化

一、施工方案的造价分析及优化

在施工方案确定过程中，可以利用 BIM 5D 模拟功能，对各种施工方案从经济上进行对比评价，可以做到及时修改和计算，方便快捷。BIM 算量模型绑定了工程量和造价信息，当我们需要对比验证几个不同方案的费用时，可以按照每种方案对模型进行修改，系统将会根据修改情况自动统计变更工程量，同时按照智能化的构件项目特征匹配定额进行快速组价，得到造价信息。这样可以快速得到每个方案的费用，可采用价格最低的方案为备选方案。例如某框架结构的框架柱内的竖向钢筋连接，从技术上来讲，可以采用电渣压力焊、帮条焊和搭接焊三种方案，根据方案的不同，修改模型和做法，自动得到用量和造价信息，一目了然。除此之外，还可以集成考虑工期和成本，运用价值工程分析法来优选方案。

二、优化资金使用计划

正确编制资金使用计划和及时进行投资偏差分析，在工程造价管理工作中处于重要而独特的地位。资金使用计划的科学合理编制，可以帮助我们明确施工阶段工程造价的目标值，使工程造价的控制有据可依，方便资金筹措和协调，提高资金的利用率和周转率。同时，有利于工程人员对未来项目资金的使用情况和进度控制进行预测。

利用 BIM 技术在编制资金使用计划上也有较大优势，BIM 5D 模型整合了建筑模型时间维度以及造价信息，同时根据资源计划在时间轴上形成了资金的使用计划。系统通过模型自动模拟建设过程，进而动态展示施工所需分包、采购、租赁等资金需用状况，更为直观地体现建设资金的动态投入过程。根据资金投入曲线可以直观地看到资金需要量的分布情况，如果资金分布不平衡或不均匀，可以采用资源计划优化方法进行优化，进而优化资金计划，避免资金在一段时间过于紧张，而在另外一段时间闲置。图 9-12 显示了优化后的资金需要量计划。

资金需要量计划表
2004年06月 至 2005年10月

编号	使用时间	合计	人工费	材料费	机械费	设备费	其它直接费	间接费	备注
1	2004年6月	903.3	506.04	0	397.25	0	0	0	
2	2004年7月	2800.22	1568.73	0	1231.49	0	0	0	
3	2004年8月	2800.22	1568.73	0	1231.49	0	0	0	
4	2004年9月	1759.62	1044.56	0	715.06	0	0	0	
5	2004年10月	345.36	345.36	0		0	0	0	
6	2004年11月	28162.82	7084.09	20896.01	182.73	0	0	0	
7	2004年12月	55569.62	14867.41	40314.21	388.01	0	0	0	
8	2005年1月	174029.64	29709.23	138601.69	5718.72	0	0	0	
9	2005年2月	305230.22	44557.33	247287.89	13385.01	0	0	0	
10	2005年3月	340079.62	56763.09	267073.12	16243.41	0	0	0	
11	2005年4月	314945.7	50401.21	248684.54	15859.94	0	0	0	
12	2005年5月	301158.07	44399.65	242441.31	14317.11	0	0	0	
13	2005年6月	114640.19	11987.59	98287.48	4365.12	0	0	0	
14	2005年7月	15538.17	1146.72	13746.7	644.75	0	0	0	
15	2005年8月	3364.23	2558.65	805.07	.51	0	0	0	
16	2005年9月	21788.84	4008.76	17531.17	248.92	0	0	0	
17	2005年10月	6380.48	1003.41	5190.38	186.69	0	0	0	
18									
19	总计	1689496.33	273520.56	1340859.58	75116.2	0	0	0	

图 9-12　资金需要量计划

资金计划是施工过程中资金申请和审批的依据，可以把资金计划作为造价控制的手段，在工程施工过程中定期地进行实际收入和实际支出对比分析，发现其中的偏差，并分析偏差产生的原因，采取有效措施加以控制，以保证资金控制目标的实现。

第六节　BIM 的变更管理

一、工程变更管理及其存在问题

工程变更管理贯穿于工程实施的全过程，工程变更是编制竣工图、施工结算的重要依据，对施工企业来讲，变更也是项目开源的重要手段，对于项目二次经营具有重要意义，工程变更在伴随着工程造价调整过程中．也是甲乙双方利益博弈的焦点。在传统方式中，工程变更产生的变更图纸需要进行工程量重新计算，并经过三方认可，才能作为最终工程造价结算的依据。目前．一个项目所涉及的工程变更数量众多，在实际管理工作中存在很多问题。

① 工程变更预算编制压力大，如果编制不及时，将会贻误最佳索赔时间；

② 针对单个变更单的工程变更工程量产生漏项或少算，造成收入降低；

③ 当前的变更多采用纸质形式，特别是图纸变更，一般是变更部位的二维图，无变化前后对比，不形象也不直观，结算时虽然有签字，但是容易导致双方扯皮，索赔难度增加；

④ 工程历时长，变更资料众多，管理不善的话容易遗忘，追溯和查询麻烦。

二、基于 BIM 的变更管理内容

利用 BIM 技术可以对工程变更进行有效管理，主要包括以下几个方面内容。

(1) 利用 BIM 模型可以准确及时地进行变更工程量的统计　当发生设计变更时，施工单位按照变更图纸，直接对算量模型进行修改，BIM 5D 系统将会自动统计变更后的工程量。同时，软件计算也可弥补手算时不容易算清的关于构件之间影响工程量的问题，提高变更工程量的准确性和合理性，并生成变更量表。由于模型集成了造价信息，用户可以设置变更造价的计算方式，如重新组价或实物量组价。软件系统将自动计算变更工程量和变更造价，并形成输出记录表，如图 9-13 所示。

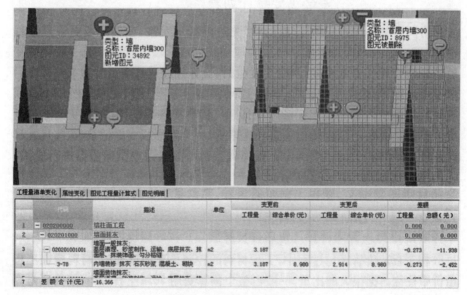

图 9-13　变更工程量统计

(2) BIM 5D 集成了模型、造价、进度信息，有利于对变更产生的其他业务变化进行管理　首先是模型的可视化功能，可以三维显示变更，并给出变更前后的图形变化，对于变更

的合理性一目了然，同时，也有利于日后的结算工作。如图 9-14 所示，变更前后的变化内容清晰呈现。其次，使用模型来取代图纸进行变更工程量计算和计价，模型所需材料的名称、数量和尺寸都自动在系统中生成，而且这些信息将始终与设计保持一致，在出现设计变更时，如某个构件尺寸缩小，该变更将自动反映到所有相关的材料明细表中，造价工程师使用的材料名称、数量和尺寸也会随之变化，因此，除了可以及时对计划进行调整之外，还可以及时显示变更可能导致的项目造价变化情况，判断实际造价是否超预算造价。

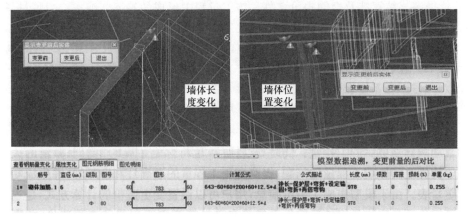

图 9-14　变更可视化

（3）BIM 5D 集成项目管理（PM）可提升变更过程管理水平　BIM 强调集成和协同，BIM 5D 为变更管理提供了先进的技术手段，在实际变更管理过程中，变更过程的管理需要依靠项目管理系统完成。项目管理系统一般提供变更的日常管理和专业协同，当变更发生时，设计经理通过项目管理系统可以启动变更流程，形成变更申请，上传至 BIM 模型服务器。造价工程在 BIM 5D 系统中根据申请内容完成工程量计算、计价、资料准备等工作，相关变更工程量表和计价信息按照流程转给项目经理审批，并自动形成变更记录，这些过程都通过变更单与相关的模型绑定。任何时点都可以通过模型服务器进行查询，方便结算工作，材料用量统计如图 9-15 所示。

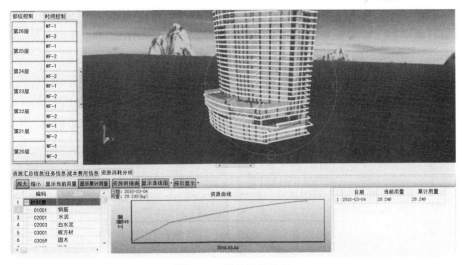

图 9-15　材料用量统计

第七节　BIM 的结算管理

虽然结算工作是造价管理最后一个环节，但是结算所涉及的业务内容覆盖了整个建造过程，包括从合同签订一直到竣工的关于设计、预算、施工生产和造价管理等的信息。结算工作存在几个难点。

（1）依据多　结算涉及合同报价文件，施工过程中形成的签证、变更、暂估材料认价等各种相关业务依据和资料，以及工程会议纪要等相关文件。特别是变更签证，一般项目变更率在 20％以上，施工过程中与业主、分包、监理、供应商等产生的结算单据数量也超过百张，甚至上千张。

（2）计算多　施工过程中的结算工作涉及月度、季度造价汇总计算，报送、审核、复审造价计算，以及项目部、公司、甲方等不同维度的造价统计计算。

（3）汇总累　结算时除了需要编制各种汇总表，还需要编制设计变更、工程洽商、工程签证等分类汇总表，以及分类材料（钢筋、商品混凝土）分期价差调整明细表。

（4）管理难　结算工作涉及成百上千的计价文件、变更单、会议纪要的管理，业务量和数据量大造成结算管理难度大，变更、签证等业务参与方多和步骤多也造成管理结算工作困难。

BIM 技术和 5D 协同管理的引入，有助于改变工程结算工作的被动状况。BIM 模型的参数化设计特点，使得各个建筑构件不仅具有几何属性，而且还被赋予了物理属性，如空间关系、地理信息、工程量数据、成本信息、材料详细清单信息以及项目进度信息等。特别是随着施工阶段推进，BIM 模型数据库也不断修改完善，模型相关的合同、设计变更、现场签证、计量支付、甲供材料等信息也不断录入与更新，到竣工结算时，其信息量已完全可以表达竣工工程实体。除了可以形成竣工模型之外，BIM 模型的准确性和过程记录完备性还有助于提高结算的效率，同时，BIM 可视化的功能可以随时查看三维变更模型，并直接调用变更前后的模型进行对比分析，避免在进行结算时描述不清楚而导致索赔难度增加，减少双方的扯皮，加快结算速度。

第十章

BIM施工案例

BIM 不仅是一类软件，更是一种新的思维方式。幕墙行业的发展趋势是信息化程度更高、更加透明化，未来的设计趋势将由二维走向三维，达到一个新的阶段。相信随着我国幕墙行业的日趋成熟以及人们对建筑美学的更高追求，BIM 软件的应用将成为主流，应用的空间将更大，前景不可限量。

目前 BIM 技术在我国的建筑行业已遍地开花，建筑生产的各个环节都不断开始了 BIM 技术的探索与应用。在传统的土建、机电、管综等应用中摸索出了价值，很多规模企业甚至已经通过项目实践以及经验积累，形成了非常有价值的内部标准。

案例一 某地区生活垃圾发电厂项目

1. 项目特点

某地区生活垃圾发电厂项目应用 BIM 技术使其在设计过程中节约了 9 个月的时间，并且通过对模型的深化设计，节约成本数百万，实现了节能减排、绿色环保的成效，响应了国家号召，真正实现了老港再生能源利用中心的存在价值。

2. BIM 应用过程

（1）软件选择 该项目选择了广联达 MagiCAD for AutoCAD 作为机电专业 BIM 软件，并建立 BIM 小组，主要从事 BIM 设计工作。随后，广联达 MagiCAD 的软件培训师对小组人员进行了为期三天的专业 MagiCAD 软件操作培训，考虑到将来涉及的项目对机电安装、工艺设备等设计有较高要求，不仅要解决管线碰撞、管线综合排布等 BIM 常规问题，还需要进行专业的水力计算，对系统运行进行模拟校核，在完成 BIM 模型的前提下还需要出施工图。所以软件培训师不仅要对小组人员进行基础建模和配合机电设计应用的培训，更重要的是向小组人员介绍 MagiCAD 模型中丰富的机电设备管件信息，可以用来进行设备选型、系统校核等深度应用。这些高效和专业化的功能都可以帮助使用者在将来的 BIM 设计项目中提高工作效率。

（2）项目应用

① 三维建模。在项目前期，BIM 小组采用 MagiCAD 进行 BIM 三维设计，设计能够做到直观和高效。建模初期，按照图纸要求，依据专业分为暖通、电气、给排水等小组，先进行专业间的初步综合，排定各专业的标高范围，然后利用 MagiCAD 分别进行建模，最后用 MagiCAD 协同工作的方式将模型整合并进行模型检查。

在三维建模过程中，由于行业不同，其相应设备都有其自身特点，且其体量都比较大，普通的三维产品库都缺乏此类设备。MagiCAD 软件所包含的产品库，其中拥有数百万种产品构件。在该项目中，可通过在 MagiCAD 产品库中搜索项目所需的产品，将其插入三维模型中，从而如实反映地实际设备布置和管线排布情况，以保证在密集空间内，既完成选定设备布置，又能综合考虑空间及设计要求。

② 碰撞检测。碰撞检测的顺序一般为：在单专业内进行碰撞检测，调整本专业内的碰撞错误；而后进行机电综合模型碰撞检测，调整机电专业内的碰撞问题；最后是机电与建筑之间的碰撞检测，解决机电与建筑结构之间的碰撞问题。在 MagiCAD 软件中，可通过本图内部碰撞、外部参照碰撞和与 AutoCAD 实体碰撞的选项，一键获得检测报告，而后可根据碰撞检测结果对原设计进行综合管线调整，并进行人工审核，从而得到修改意见，极大地提升了 BIM 小组的模型质量。

③ 解决主要问题。得到碰撞检测结果后，便可得出碰撞检测报告。BIM 小组针对碰撞检测报告进行小组讨论、人工审核，得到汇总结果。由于模型中大小管道交叉，尤其是水专业的管道，更是如此，绝大多数碰撞检查的功能是"眉毛胡子一把抓"，这样做的结果就是调整时没有重点可言，往往是调整了一堆小管道的碰撞后，发现还有一根大管道的碰撞没有解决。MagiCAD 的碰撞检测提供了水系统管径过滤的功能，可以借助该功能，对碰撞位置按重要性进行分级，第一时间抓住主要矛盾，解决主要问题。

④ 系统调试。当 BIM 小组完成综合管线调整后，便可在该 BIM 模型的基础上进行系统调试，以校核模型中的设备是否能够按照设计方案正常运行。此时可通过 MagiCAD 中的计算功能，利用模型中的真实产品构件，进行系统的运行工况模拟，从而获得准确的设备工作状态点（如阀门开度等），从而进一步对系统方案进行优化，在传统深化设计的基础上，达到绿色节能的效果。

案例二　某会展中心应用案例

1. 项目特点

某会展中心室内展览面积 40 万平方米，室外展览面积 10 万平方米，整个综合体的建筑面积达到 147 万平方米，是世界上最大综合体项目，首次实现大面积展厅"无柱化"办展效果。总承包项目部引入 BIM 技术，为工程主体结构进行建模，然后把各专业建好的模型与总包建好的主体结构模型进行合模，有效地修正模型，解决施工矛盾，消除隐患，避免了返工、修整。

2. 会展中心施工

（1）施工体量大　集团共承建 13 个展览馆，单个展厅占地面积就相当于 4 个标准足球场。钢结构屋面施工达到 26 万平方米、幕墙 17 万平方米、1 万伏变电所 47 个、强弱电机房 407 个、空调机房 295 间、电梯 268 部。基坑土方：约 93 万立方米；混凝土：50 多万立方米；钢筋：14 万吨；钢构件：近 9 万吨；幕墙：32.7 万平方米；金属屋面：34 万平方米，可谓工程浩大。

（2）施工工期极紧　虽说整个工期为 655 个日历天、要到 2014 年底竣工，但是 2014 年 6 月 30 日 A、B 馆要投入使用，从 2013 年 2 月 28 日进场，到 2013 年 3 月 15 日拿到图纸，实际施工时间仅 15 个月。只有常规工期的 40% 的时间。

（3）施工组织难度大　该会展中心位于上海青浦徐泾、虹桥交通枢纽西侧，周边环境复杂：地铁 2 号线东西向贯穿整个施工区域，小展厅 F3、商业中心 E1、E2 均位于地铁上方，施工期间需确保地铁 2 号线的正常运营和车流、人流通畅。钢结构、幕墙、屋面、机电安装、内装饰等界面相互关系复杂，总协调颇具难度。

（4）施工要求高　本工程的质量总体目标为确保获上海市"白玉兰奖"，力争获"鲁班奖""中国三星级绿色建筑设计标识证书""中国三星级绿色建筑评价标识证书"。同时力争无重大设备和人身伤亡责任事故，创市级安全示范工地，创市级文明工地。

3. 施工大突破

完成93万立方米的土方开挖，50多万立方米混凝土浇捣，9万吨钢结构制作吊装，6万吨钢管的高支模排架的搭设，全面完成土建结构工程，全面完成钢结构工程，完成80％机电设备安装。

4. BIM 团队精细建模，工程整体施工巧夺天工

此中心工程是综合体工程，建筑结构复杂。有土建结构工程、钢结构工程、幕墙工程、屋面工程、机电设备安装工程、装潢装饰工程等。为了加强整个施工的精细化管理，总承包项目部引入 BIM 技术。总承包项目部成立 BIM 工作室，为工程主体结构进行建模。然后把各专业建好的模型与总包建好的主体结构模型进行合模。通过合模发现模型之间的硬碰撞和软碰撞，所谓硬碰撞就是模型与模型之间有冲突，不能通过，造成无法施工。软碰撞就是模型与模型没有硬碰撞，但是模型与模型之间位置小或者不恰当，无操作空间，影响正常施工。对这两种碰撞进行及时、有效地修正，解决施工矛盾，消除隐患，避免了返工、修整。

此项目部采取样板施工，从施工界面实际划分、施工的先后顺序入手，重点利用 BIM 技术进行桁架内、主要机房等区域机电管线的深化设计和综合布置，并通过机电管线工厂化预制加快机电系统施工、验收及投入使用的流程。同时，项目部以 BIM 模型为基础实现施工构件的全面预制化。经 BIM 软件对机电工程的各专业管线位置综合布置后，将各系统管道的布置位置、走向、型号、规格、长度、特殊附件尺寸等，以深化设计加工详图的形式送至制造厂进行加工、编号，再运送到施工现场组装。

案例三　某 EPC 总承包模式项目

EPC 是指总承包商按照合同约定，完成工程设计、设备材料采购、施工、试运行等服务工作，实现设计、采购、施工各阶段工作合理交叉与紧密配合，并对工程的安全、质量、进度、造价全面负责。EPC 总承包模式是当前国际工程中被普遍采用的承包模式，也是我国政府和现行《中华人民共和国建筑法》积极倡导、推广的一种承包模式。

本案例项目利用 BIMSpace 一站式 BIM 设计解决方案和 iTWO 施工管理解决方案，实现 BIM 模型信息从设计阶段到施工阶段的传递，同时，将项目信息与企业信息管理系统对接，形成了一套基于 BIM 的 EPC 解决方案。通过该项目，帮助相关人员理清基于 BIM 的工程总承包业务板块之间的协作关系，提高总承包项目协作和管理水平，优化项目范围、进度、成本等管理过程，逐步实现业务精细化管理，搭建一个规范、整合的流程框架。

1. 项目背景及 BIM 应用目标

EPC 总承包模式是我国政府和现行《中华人民共和国建筑法》积极倡导、推广的一种承包模式，具有以下三个方面的基本优势。

① 强调和充分发挥设计在整个工程建设过程中的主导作用。对设计在整个工程建设过程中的主导作用的强调和发挥，有利于工程项目建设整体方案的不断优化。

② 有效克服设计、采购、施工相互制约和相互脱节的矛盾，有利于设计、采购、施工各阶段工作的合理衔接，有效地实现建设项目的进度、成本和质量控制符合建设工程承包合同约定，确保获得较好的投资效益。

③ 建设工程质量责任主体明确，有利于追究工程质量责任和确定工程质量责任的承担人。

但是在传统工作模式下，在项目不同阶段及各个子系统之间，如设计、算量、计价、招标投标、客户数据等系统无法实现信息互通，形成了一个个信息孤岛（图 10-1）。同时，各子系统也不能很好地与原来的财务系统相融合，无法给企业现金流的分析带来帮助，不能更好地配合企业长远发展。

BIM 技术允许用户创建建筑信息模型，可以促进协调更好的信息和可计算信息的产生。在设计阶段早期，该信息可用于形成更好的决策，这时这些决策既不费代价又具有很强的影响力。此外，严格的建筑信息模型可以减少异议和错误发生的可能性，这样可减少对设计意图的误解。建筑信息模型的可计算性形成了分析的基础，来帮助进行决策。

在项目生命周期的其他阶段使用 BIM 技术管理和共享信息同样可以减少信息的流失并且改善参与方之间的沟通。BIM 技术不仅关注单个的任务，而且把整个过程集成在一起。在整个项目生命周期里，它能协助把许多参与方的工作最优化。

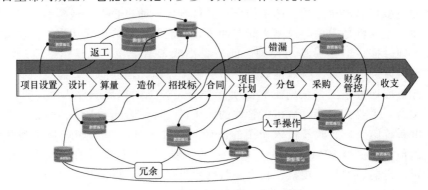

图 10-1　传统建造流程的信息孤岛

由此可以看出，BIM 技术的应用在项目的集成化设计、高效率施工配合、信息化管理和可持续建设等方面有重要的意义和价值。

该案例项目采用框架剪力墙结构，地下 4 层，地上 20 层，分为南北两栋塔楼，塔楼间过渡采用中庭连廊，外墙采用铝板、陶板和高透玻璃幕墙，整体通透。

通过该案例，旨在探索利用 BIM 技术，打通设计、施工阶段的信息传递，同时理清公司工程总承包业务板块之间的协作关系，优化总承包项目协作和管理水平，优化项目范围、进度、成本等管理过程，逐步实现业务精细化管理，搭建一个规范、整合的流程框架。

2. BIM 系统整体顶层设计思路

BIM 系统整体顶层设计，是利用系统思想，优化公司业务战略和运营模式。

系统思想是一般系统论的认识基础，是对系统的本质属性（包括整体性、关联性、层次性、统一性）的根本认识。系统思想的核心问题是如何根据系统的本质属性使系统最优化。"系统科学中，有一条很重要的原理，就是系统结构和系统环境以及它们之间的关联关系，决定了系统的整体性和功能。也就是说，系统整体性与功能是内部系统结构与外部系统环境综合集成的结果，也就是复杂性研究中所说的涌现（emergence）。"涌现过程是新的功能和结构产生的过程，而这一过程是活的主体相互作用的产物。

应用 BIM 技术进行顶层设计，可以从起点避免信息孤岛，为跨阶段、跨业务的数据共享和协同提供蓝图，为合理安排业务流程提供科学依据。

基于对本企业总承包业务战略和运营模式的理解，对公司 6 个核心流程模块和 6 个支持流程模块进行了重新梳理和设计，如图 10-2 所示。

根据 BIM 信息的特性，一个完善的信息模型，能够连接建筑项目生命周期不同阶段的

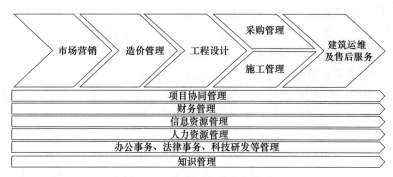

图 10-2 总承包企业业务战略

数据、过程和资源，是对工程对象的完整描述，可被建设项目各参与方普遍使用。BIM 具有单一工程数据源，可解决分布式、异构工程数据之间的一致性和全局共享问题，支持建设项目生命周期中动态的工程信息创建、管理和共享。利用 BIM 信息的优势，将 PMBOK 的九大知识体系作为流程切入点，融入总包项目管理经验，优化总包项目管理的过程和要素，根据设计结果，总承包业务总体流程框架如图 10-3 所示。

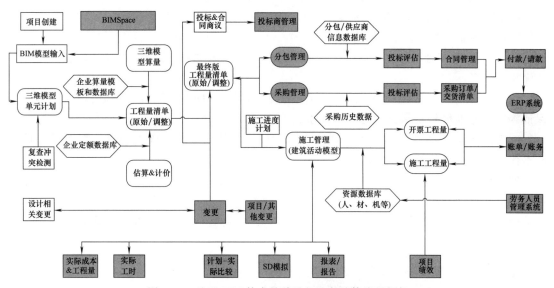

图 10-3 基于 BIM 技术的总承包业务总体流程框架

3. 软件环境支撑

根据顶层设计，为了实现基于 BIM 技术的总承包业务总体流程框架，对于设计、施工软件以及信息交互方面都提出了新的要求。

经过多方调研，最后选择鸿业公司基于 BIM 的 EPC 整体解决方案：在设计阶段采用鸿业 BIMSpace 软件，施工阶段采用 iTWO 软件，同时项目信息可以与企业现有 ERP 及综合管理信息管理系统进行集成和完成交互，形成基于 BIM 的（BIMSpace＋iTWO）EPC 解决方案。

设计阶段使用的鸿业 BIMSpace 软件包括以下功能。

① 涵盖建筑、给水排水、暖通空调、电气的全专业 BIM 设计建模软件。

② 可以进行基于 BIM 的能耗分析、日照分析、CFD 和节能计算。

③ 符合各专业国家设计规范和制图标准。

④ 包含族及族库管理、建模出图标准和项目设计信息管理支撑平台。

⑤ 设计模型信息可以完整传递到施工阶段。

施工阶段采用的 iTWO 软件主要包括以下模块。

① 3D BIM 模型无损导入，进行全专业冲突检测，完成模型优化。

② 根据三维模型进行工程量计算和成本估算。

③ 可以进行电子招标投标、分包、采购以及合同管理。

④ 进行 5D 模拟，管理形象进度，控制项目成本。

⑤ 能够与各种第三方 ERP 系统整合；根据企业管理层的需要，生成需要的总控报表。

4. 设计阶段 BIM 应用

（1）设计阶段 BIM 规划　BIM 的价值在于应用，BIM 的应用基于模型。

设计阶段的 BIM 实施目标为，利用鸿业 BIMSpace 软件完成建筑、给水排水、暖通、电气各专业的 BIM 设计工作，探索 BIM 设计的流程，提升 BIM 设计过程的协同性和高效性。其主要实施内容如下。

① 可视化设计。基于三维数字技术所构建的 BIM 模型，为各专业设计师提供了直观的可视化设计平台。

② 协同设计。BIM 模型的直观性，让各专业间设计的碰撞直观显示，BIM 模型的"三方联动"特质使平面图、立面图、剖面图在同一时间得到修改。

③ 绿色设计。在 BIM 工作环境中，对建筑进行负荷计算、能耗模拟、日照分析、CFD 分析等环节模拟分析，验证建筑性能。

④ 三维管线综合设计。进行冲突检测，消除设计中的"错、漏、碰、缺"，进行竖向净空优化。

⑤ 族库管理平台。族库管理平台方便设计师调用族，同时，通过管理流程和权限设置，保证族库的标准化和族库资源的不断积累。

⑥ 限额设计。需要借助成本数据库中沉淀的经验数据，进行成本测算，将形成的目标成本作为项目控制的基线，依据含量指标进行限额设计。

（2）设计阶段工作流程　设计阶段利用鸿业一站式 BIM 设计解决方案 BIMSpace 进行建筑、给水排水、暖通、电气各专业的设计、建模工作。同时，结合 iTWO 软件的模型冲突检测功能和算量计价模块，在设计过程中进行限额设计、修改优化设计方案，具体工作流程如图 10-4 所示。

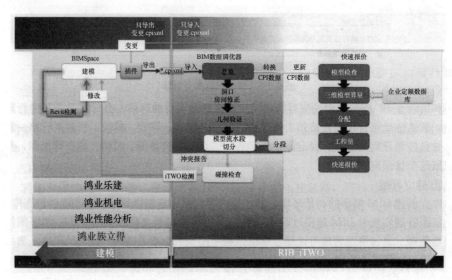

图 10-4　设计阶段工作流程

（3）设计阶段建模规则　考虑到与 iTWO 软件的算量模块对接，iTWO 模型规则按照清单算量规则，北京鸿业科技编制了《鸿业 iTWO 建模规范》，规范部分目录见图 10-5。根据规范建立的模型，导入 iTWO 软件中可以快速进行三维算量和计价。

图 10-5　建模规范部分目录

（4）基于 BIM 的工程设计

① 准备工作。

a. 建立标准。建模标准的制定关系着设计阶段的团队协同，也关系着施工和运维阶段的平台协同和多维应用。其基本内容包括：文件夹组织结构标准化，视图命名标准化，构件命名标准化。

利用鸿业 BIMSpace 中的项目管理模块，在新建项目的时候，会对项目目录进行默认配置。默认的项目目录配置按照工作进程、共享、发布、存档、接收、资源进行第一级划分，并且按照导则的配置，设定好相应的子目录。后续备份、归档、提资等操作，都默认依据这个目录配置。

b. 建立环境。建立 BIM 模型的初始环境，其主要内容包括定制样板文件和管理项目族库。

资源管理实现对 BIM 建模过程中需要用到的模型样板文件、视图样板、图框图签进行归类管理。通过资源管理可以规范建模过程中用到的标准数据，实现统一风格，集中管理。主界面如图 10-6 所示。

同时，鸿业的族立得具备族的分类管理、快速检索、布置、导入导出、族库升级等功能。利用内置的本地化族 3000 余种，10000 多个类型，实现族库管理标准化、自建族成果管理和快速建模。

c. 建立协同。BIM 是以团队的集中作业方式在三维模式下的建模，其工作模式必须考虑同专业以及不同专业之间的协同方式。建立协同的内容包括：拆分模型、划分工作集以及创建中心文件。

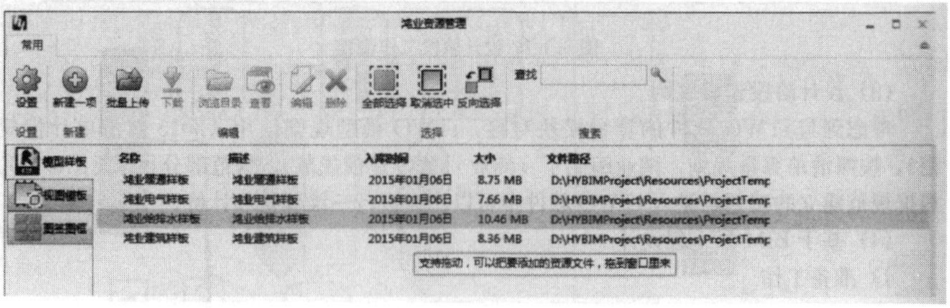

图 10-6　鸿业资源管理软件界面

② 建筑设计。利用 Revit 平台的优势，借助鸿业 BIMSpace 中的乐建软件，进行可视化、协同设计。

乐建软件根据国内的建筑设计习惯，在 Revit 平台上对整个设计流程进行了优化，同时将国内的标准图集和制图规范与软件功能结合，让设计师的模型和图纸能够符合出图要求。这样，减少了设计师学习 BIM 设计的学习周期，同时也提高了设计效率。

考虑到建筑模型在施工阶段的应用，鸿业乐建软件中还提供了构件之间剪切关系的命令，方便施工阶段的工程量计算。

③ 机电设计。由于 Revit 平台在本地化方面的不足，比如模型的二维显示、水力计算等均不满足国内的规范要求，致使国内大部分机电专业的 BIM 设计还停留在进行管线综合、净空检测等空间关系的调整上，并没有进行真正的 BIM 设计。

本工程决定使用在 Revit 平台上进行二次开发的鸿业 BIMSpace 的机电软件进行设计。该软件针对水暖电专业的设计，从建模、分析到出图做了大量的本地化工作，可以更方便、智能地对给水排水系统、消火栓及喷淋系统、空调风系统、空调水系统、采暖系统、强弱电系统进行设计和智能化的建模工作。帮助用户理顺协同设计流程，融合多专业协同工作需求，实现真正的 BIM 设计。

下面从喷淋和暖通系统两个方面介绍鸿业 BIMSpace 进行机电设计的过程。

a. 喷淋系统设计。在绘制喷淋系统时，用户只需指定危险等级，软件自动根据规范调整布置间距，布置界面如图 10-7 所示。布置完成后，鸿业还提供了批量连接喷淋、根据规范自动调整管径和管道标注的功能，方便设计师完成整个设计流程。

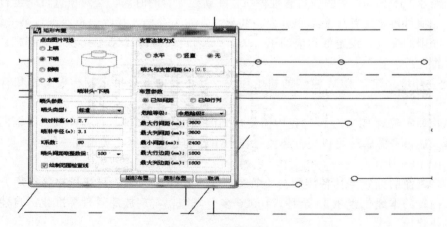

图 10-7　喷淋布置命令

b. 暖通系统设计。在绘制暖通系统时，利用鸿业 BIMSpace 机电软件中的风系统、水系统和采暖系统模块，可以方便、快速地完成设备布置、末端连接等工作。同时，鸿业

BIMSpace 中的水力计算功能，可以直接提取模型信息，进行水力计算，最后将计算结果自动赋回到模型中。水力计算的界面如图 10-8 所示。

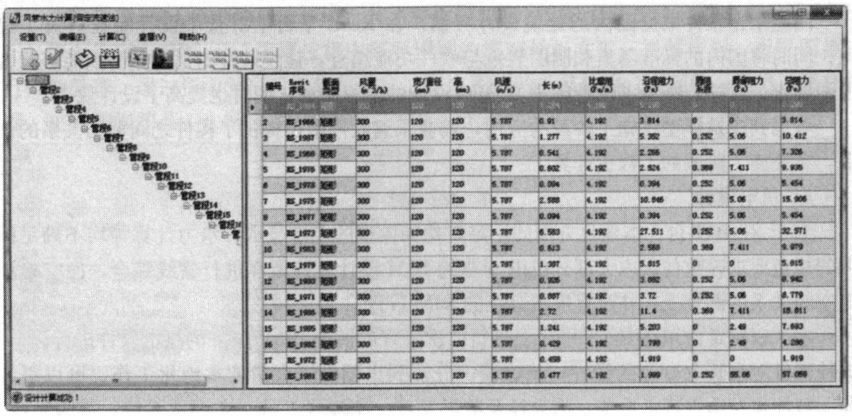

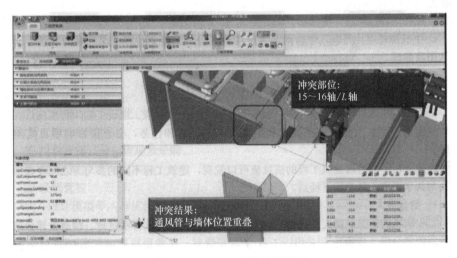

图 10-8　水力计算界面

④ 深化设计。基于 BIM 模型，可在保证检修空间和施工空间的前提下，综合考虑管道种类、管道标高、管道管径等具体问题，精确定位并优化管道路由，协助专业设计师完成综合管线深化设计。

由于该工程应用的 BIM 设计工具不只是 Revit 平台，幕墙设计利用 Catia，传统的碰撞检测软件不能满足要求。于是，该工程将全专业模型导入 iTWO 软件中进行碰撞检查和施工可行性验证，根据 iTWO 生成的冲突检测结果，调整优化模型。iTWO 软件的模型检测界面如图 10-9 所示。

图 10-9　iTWO 碰撞检测界面

⑤ 性能分析

a. 冷、热负荷计算。利用鸿业 BIMSpace 中的负荷计算命令，根据建筑模型中的房间名称自动创建对应的空间类型，完成冷、热负荷计算。同时，鸿业 BIMSpace 负荷计算还可以根据用户定义直接出冷、热负荷计算书。负荷计算的界面如图 10-10 所示。

b. 全年负荷计算和能耗分析。利用鸿业全年负荷计算及能耗分析软件（HVEP）进行全年负荷计算和能耗分析。HYEP 是以 EnergyPlus（V8.2）为计算核心，可以对建筑物及其空调系统进行全年负荷计算和能耗模拟分析的软件。具体应用如下。

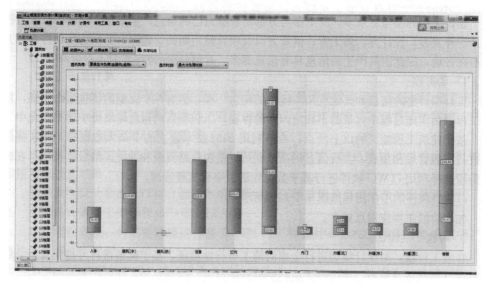

图 10-10　负荷计算界面

ⓐ 全年 8760h 逐时负荷计算，生成报表及曲线。

ⓑ 生成建筑能耗报表，包括空调系统、办公电器、照明系统等各项能耗逐时值、统计值、能耗结构柱状图、饼状图。

ⓒ 生成能耗对比报表，包括两个系统的逐月分项能耗对比值、总能耗对比值、对比柱状图及曲线。

5. 施工阶段 BIM 应用

（1）施工阶段 BIM 应用规划　工程项目实施过程参与单位多，组织关系和合同关系复杂。建设工程项目实施过程参与单位多就会产生大量的信息交流和组织协调的问题和任务，会直接影响项目实施的成败。

通过分析不同阶段建筑工程的信息流可以发现，建筑工程不同的参与方之间存在信息交换与共享需求，具有如下特点。

① 数量庞大。工程信息的信息量巨大，包括建筑设计、结构设计、给水排水设计、暖通设计、结构分析、能耗分析、各种技术文档、工程合同等信息。这些信息随着工程的进展呈递增趋势。

② 类型复杂。工程项目实施过程中产生的信息可以分为两类：一类是结构化的信息，这些信息可以存储在数据库中便于管理；另一类是非结构化或半结构化信息，包括投标文件、设计文件、声音、图片等多媒体文件。

③ 信息源多，存储分散。建设工程的参与方众多，每个参与方都将根据自己的角色产生信息。这些可以来自投资方、开发方、设计方、施工方、供货方以及项目使用期的管理方，并且这些项目参与方分布在各地，因此由其产生的信息具有信息源多、存储分散的特点。

④ 动态性。工程项目中的信息和其他应用环境中的信息一样，都有一个完整的信息生命周期，加上工程项目实施过程中大量的不确定因素的存在，工程项目的信息始终处于动态变化中。

基于建筑工程施工的以上特点，希望利用 BIM 技术建立的中央大数据库，对这些信息进行有效管理和集成，实现信息的高效利用，避免数据冗余和冲突。最后，该项目在施工阶段选择利用 iTWO 软件进行基于数据库的数字化工程管理。iTWO 软件的工作流程如图 10-11 所示。施工阶段主要应用点如下。

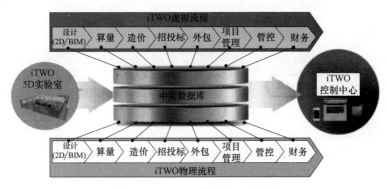

图 10-11　iTWO 软件的工作流程

a. 可施工性验证。在施工阶段，对设计模型进行全面的施工可行性验证，基于模型进行可视化分析，通过软件自动计算及检查，减少施工可行性验证的时间，提高整体工作效率和质量。

b. 工程量计算可视化。

c. 工程计价可视化。

d. 招标投标、分包管理及采购。

e. 5D 模拟。

f. 现场管控。

（2）设计模型导入与优化　通过与建筑、结构和机电（MEP）模型整合，iTWO 可以进行跨标准的碰撞检测。iTWO 中的碰撞检测并不限定于某一种类型或某一个特定的 BIM 设计工具，现在能够与目前流行的大部分 BIM 设计工具整合，如 Revit、Tekla、ArchiCAD、Allplan、Catia 等。

本项目中，设计阶段主要用 BIMSpace 软件，可以将模型数据无损导入 iTWO 进行模型施工可行性验证和优化。

iTWO 在施工可行性验证中相对于传统验证的优势体现在以下几个方面：

① 审查时间减少 50%；

② 审查量提高 50%；

③ 提高了检查精度；

④ 能自动计算以及检查；

⑤ 提高整体工作效率以及质量。

（3）工程量计算　在 iTWO 软件中，算量模块包括两个部分，工程量清单模块和三维模型算量模块。

工程量清单模块支持多种方式的工程量清单输入，用户自定义工程量清单结构，以及预定义和用户定义的定量计算方程式。

三维算量模块能快速、精确地从 BIM 模型计算工程量，并且能够通过对比计算结果和模型来核实结果。

如果发生设计更改，iTWO 能够迅速重新计算工程量以及自动更新工程量清单。

工程量计算的工作流程如图 10-12 所示。

经过项目实践，为了更好地进行基于 BIM 的工程量计算，在工程量清单编制中，应该注意以下几个问题。

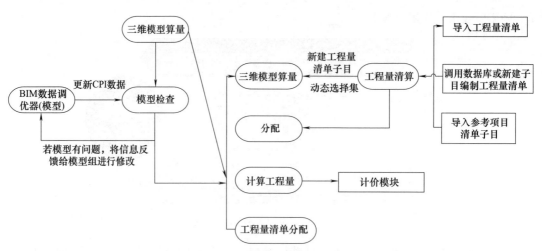

图 10-12　工程量计算的工作流程

① 对于主体项目工程，建议按常规原始清单进行编制，对于装饰工程或精装修工程建议按房间进行编制。

② 对于非主体工程即措施项目清单，建议进行按项分解编制，好处是对于施工管理模块便于施工计划均摊挂接，便于总控对比分析及成本控制。

③ 对于管理费等费用，建议放入综合单价组价进行编制或单独列项进行编制，好处是便于总控对比分析及报表输出，需与成本部门、财务部门沟通后确定管理模型。

工程量清单编制完成后，三维模型算量功能可以将工程量清单子目与三维模型进行关联，同时可以根据各个需求对每个工程量清单子目灵活地编辑计算公式，不仅可以根据直观的图形与说明进行公式的选择，还可以根据需要选择对应的算量基准，算量公式涵括了基准构件的几何形状、大小、尺寸和工程属性。

（4）成本估算　使用 iTWO 软件进行成本估算，通过将工程量清单项目与三维的 BIM 模型元素关联，估算的项目将在模型上直观地显现出来。iTWO 使用成本代码计算直接成本。成本代码能存储在主项目中作为历史数据，以供新项目用作参考。一旦出现设计变更，iTWO 能够快速更新工程量、估价及工作进度的数据。

该模块业务流程如图 10-13 所示。

图 10-13　成本估算流程

本项目中，iTWO 软件的系统估算模块的应用点主要体现在以下几点。

① 控制成本。通过 iTWO 的成本估算模块，通过导入企业定额编制施工成本，这样的施工成本真实反映了企业在施工中发生的人、材、机、管，反映企业的施工效率，可使企业更好地控制成本。

但是，这里控制成本的前提是需要基于公司自己的企业定额来编制成本。iTWO 软件可以根据以前项目的历史数据，建立企业自己的定额库，这样，为后续项目控制成本提供了坚实的依据。

② 三算对比。利用该模块，我们在实际使用中可以很直观地形成三算对比：中标合同单价、成本控制单价、责任成本，使我们可以直观地看出盈亏。

③ 分包管理。利用成本估算模块，首先创建子目分配生成分包任务，选择要分包的清

单项并导出清单发给分包单位，再由分包进行报价，报价返回后进行数据分析，也就是报价对比，确定要选择的分包单位。

同时，iTWO 还提供了电子投标功能，以支持投标者和供应商管理。iTWO 的电子投标使用了标准格式，提供一个免费的 e-Bid 软件（电子报价工具）来查阅询价和提交投标者的价格。当收到来自分包的价格资料时，iTWO 的分包评估功能会比较价格并根据本项目的特点自定义显示结果。这样，大大提高了分包管理的整体工作效率和质量。

④ 设计变更管理。利用成本估算模块，我们在实际项目中发现还可以对设计变更作很好的管理，可以把清单和设计变更单做成超链接，在点击清单时会直接看到设计变更，很好地了解到是什么原因作的变更，变更内容是什么，省去了在想查看时再去档案室翻查资料的时间，提高了工作效率。

（5）五维数字化建造 RIB iTWO 五维数字化建造技术，在三维设计模型上，加入施工进度和成本，让项目管理全过程更精准、更透明、更灵活、更高效。

iTWO 为不同的项目管理软件如 MS Project 和 Primavera 等提供双向集成，这样可以把用 MS Project 排定的进度计划直接导入 iTWO 软件中。在工程量清单和估价的基础上，iTWO 能够自动计算工期和计划活动所需的预算，从而可完成 5D 模拟，识别影响工程的潜在风险（图 10-14）。

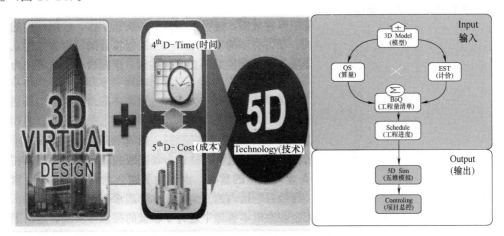

图 10-14　五维数字化建造技术及 5D 模拟示意

本项目在 iTWO 软件中，将每一层级的计价子目/工程量清单子目与施工活动子目灵活地建立多对多、一对多、多对一的映射关系。这就满足了不同的合同需求，既可将计价按照进度计划的安排产生映射关系，也可将进度计划按照计价的需求完成映射关系。对应的成本与收入也会随着映射关系关联到施工组织模块中。这样，在考核项目进度时，不仅可以如传统方式那样得到相关的报表分析、文字说明，还可以利用三维模型实现可视化的成本管控与进度管理。

在项目前期，基于不同的施工计划方案建立不同的五维模拟，通过比较分析获得优化方案，节省在工程施工中的花费。

（6）项目总控 在本项目中，通过 iTWO 控制中心，可随时随地利用苹果系统和安卓系统的平板设备管理建筑项目，并且可以深入查阅到详细、具体的项目细节。同时，利用仪表盘让所有相关的项目参与方能快速及时地查阅相关项目报告，促进项目团队作出更快速的决策和更好的运用实时信息。

iTWO 总控流程配置如图 10-15 所示。

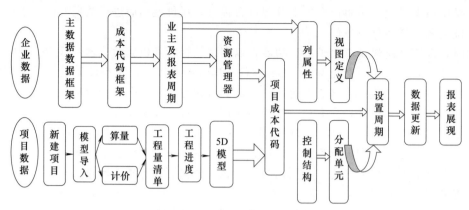

图 10-15　iTWO 总控流程配置

　　在算量、计价和进度与模型匹配工作完成后，进行控制结构的编制工作。控制结构的编制需要有一个适用于企业管理模式、项目类型的管理流程。本工程按合同管理方式建立控制结构或按工程管理模式，即按楼层、按系统模型建立控制结构，该模块确定后可作为本企业的固定管理模板。

6. 基于 BIM 的成本管理

　　（1）成本管理概述　纵观建筑市场，从利润点阶段利润的变化，不难看出高额利润的由高走低的过程。建筑市场获取超额利润的时代，在很大程度上削弱了建筑企业和施工企业对成本的重视，也催生了建企老总"重开源（营销）、轻节流（成本）"的短时观念，导致目前国内施工企业成本管理水平整体相对落后。

　　同时，国内也有一大批标杆施工企业在成本管理中进行了积极的探索与实践，走出了一条创新之路，并形成了中国施工企业成本管理的典型阶段——由传统的成本管理方式转变到成本管控，努力实现大成本管理理念下的成本精细化管控。从关注"算得清，算得准"转变到成本的"可知，可控"。

　　成本策划依靠最新技术的支撑，得以逐步实现从 2010 年开始形成的、基于 BIM 技术支持的精细化管理、5D 成本管理，实现成本管理的精细化与可视化。

　　（2）基于 BIM 的造价解决思路　在 BIM 中造价模型有两种模式，第一种是扩展 BIM 维度，附加造价功能模块，在 BIM 建模软件上直接出造价，BIM 与造价相互关联，模型变，造价随之而变。但是这种方法与我国现行的计价规则有很大的差异，也就是前文所提到的计算规则的问题，这就不能把工程量精确计算出来，误差很大。第二种是造价模块与 BIM 模型分离，把 BIM 中的项目信息抽取出来导入造价软件中或与造价软件建立数据链接。

　　在以前国内算量软件的操作模式是：先建模，再定义构件属性，之后是套定额，然后计算，最后得到工程量数据。而当前基于 BIM 理论，应该把建模与算量软件分开。早在 1975 年，被誉为"BIM 之父"的 Chuck Eastman 教授就提出未来不是一款软件能解决所有问题。首先，建模软件的专业化是任何算量软件不能比拟的，能精确表达虚拟项目尺寸，各个构件之间有逻辑关系，能充分表达现实当中的工程项目。其次，在一个 BIM 软件中扩展维度算量，对于这种情况数据量是非常大的，对于软件的运行以及硬件的要求非常高。

　　本项目采用的 iTWO 软件采用第二种造价模式，即造价模块与 BIM 模型分离，这种模式代表了未来造价技术的发展方向，与 BIM 5D 概念是一脉相承的。

　　（3）基于 BIM 的成本管理的应用　成本管理分为成本核算、成本控制、成本策划三个阶段。

　　① 成本核算阶段重核算，属于事后型，强调算得快，算得准。

② 成本控制阶段强调对合理目标成本的过程严格控制，追求成本不突破目标，属于事中型，落地的关键在于，将目标成本分解为合同策划，用于指导过程中合同的签订及变更，并在过程中定期将目标成本与动态成本进行比对。

③ 成本策划阶段解决的是前期目标成本设置的合理性问题，强调"好钢用在刀刃上""用好每分钱""花小钱办大事"，追求结构最优。

成本预测是成本管理的基础，为编制科学、合理的成本控制目标提供依据。因此，成本预测对提高成本计划的科学性、降低成本和提高经济效益，具有重要的作用。加强成本控制，首先要抓成本预测。成本预测的内容主要是使用科学的方法，结合中标价，根据各项目的施工条件、机械设备、人员素质等对项目的成本目标进行预测。

成本策划到目标实现，过程的动态掌握，使得成本管理可知、可控和可视。由知道"该花多少钱到花了多少钱"全过程全貌信息的掌控，真正实现全面转化和升级。

本案例利用基于 BIM 技术的造价控制是工程造价管理领域的新思维、新概念、新方法，从管理一个点扩展到一个大型"矩阵"，为造价控制提供全面的解决方案和技术支持。算量模块完成各专业工程量的计算和统计分析。计价模块作为造价管理平台，更多的日常造价管理活动将在此平台上展开，实现对海量工程材料价格信息的收集和积累，完成工程造价数据的采集、汇总、整理和分析。通过建立项目全过程的造价管理及项目成本控制，通过项目积累，在基于模型的成本数据库中沉淀经验数据，进行成本测算。

在设计阶段，快速进行成本估算，形成目标成本作为项目控制的基线，根据含量指标进行限额设计。

在招标采购环节，材料价格库则是现场材料价格认定的重要依据。

在施工阶段，基于 BIM 技术支持的精细化管理、5D 成本管理，可以实现成本管理的精细化与可视化。

实现基于 BIM 的工程造价，iTWO 软件中，可以得出六组工程量和四组单价（表 10-1）。

表 10-1　六组工程量和四组单价

工程量	序号	单价
清单工程量	A	综合单价
图纸净量	B	定额价
优化工程量	C	目标成本价
实际工程量	D	分包单价
进度款申请工程量		
分包工程量		

在六组工程量和四组单价基础上，可以得出 15 种成本数据分析（表 10-2）。

表 10-2　15 种成本数据分析

数据分析单元	组合公式	数据分析单元	组合公式
投标报价	1×A	项目部分包目标成本	3×D
投标初始成本	1×B	应收进度款	4×A
核算总预算	2×A	公司应分配项目部进度款	4×C
核算初始成本	2×B	已消耗成本	4×D
公司对项目的目标成本	2×C	进度款申请额	5×A
预计结算最低价	3×A	项目部自身目标成本	6×C
公司自身可接受最低价	3×B	分包应收款	6×D
项目部可接受最低目标成本(对公司)	3×C		

本案例中，成本管理具体的应用点如下。

① 实现模型与造价信息之间的双项"数据流"，使得 BIM 模型能够附加从计价模块中

返回的详细造价信息。

② 得到详细的造价信息后，与进度信息结合，随着形象进度的动态展示，可以实时生成 5D 模拟，进行成本与进度的动态评估与分析。

③ 应用采集器完成成本数据采集，将工程实际过程中采用的数据，与计划数据进行直观的对比分析。

④ 自动绘出 BCWS、ACWP、BCWP 曲线。

⑤ 计算费用偏差 CV 和进度偏差 SV。

⑥ 生成评估和分析需要的报告。

⑦ 为施工现场和传播管控提供直观可视的解决方案。

⑧ 为工程量和进度提供直观的数据统计功能。工程的计量工作在全过程造价控制中，不仅工作量大而且计算难度大，要在项目全周期不断地统计、拆分、组合和分类汇总各时间段和施工段工程量数据更是困难，造价工程师专业性是无法取代的，所以工料测量师和造价工程师不会消失，但是会随着 BIM 的技术成熟提高工作效率，并且使造价工程师的专业丰富度更高、更广。其次，造价 BIM 模型的完善和成熟度责任主体依然在于造价咨询机构，需要他们对设计 BIM 模型进行完善和修正。

案例四　某国际商业楼项目

某国际项目以 BIM 技术在该项目施工中应用的技术路线，为 BIM 技术在商业综合中心项目施工中的应用提供了有益的借鉴。

BIM 技术给施工企业的信息化管理带来强大的数据支撑和技术支撑，突破以往传统管理技术手段的瓶颈。BIM 是一个丰富的数据信息库，信息涵盖了从项目全生命周期的数据与信息，可以有效发现专业间冲突，避免返工；通过查询 BIM 中的数据信息，可以精确制订资源计划，有效减少浪费；通过实时的两算对比，有效管控成本，助力商业综合中心项目实现精细化管理。

1. 项目概况

此国际项目位于未央路与凤城七路十字西南角，总建筑面积约 $75000\mathrm{m}^2$；主楼为高端办公写字楼，裙楼为时尚商业广场，商业广场内部为开放式内天井，平台为圆弧造型且层层错落有致，造型独特新颖，建成后将成为该区域集商业、办公为一体的地标性建筑，如图 10-16 所示。

2. BIM 应用背景

（1）项目重难点

① 裙楼的敞开式内天井造型导致现场模板搭设难度大。

② 临设场地狭小。本项目位于繁华地段，占地面积小，现场安全通道及活动板房基本坐落于钢管脚手架所搭设的架体之上。

③ 施工工期紧。本工程施工期间处于防治雾霾的重要时期，又是典型的"三边工程"，图纸不完善，导致项目施工按时完工面临严峻挑战。

（2）BIM 应用背景

① 创新项目管理模式适应企业发展需要、以科技创新提升市场竞争力。

② 完善和改进项目管理方式，运用基于云技术的 BIM 平台进行共享虚拟施工，进行项目施工管理，各岗位的人员都能通过相应的客户端获取模型信息，协助管理决策。

③ 通过 BIM 模型，实现工程设计及施工方案零差错，项目交底可视化，制订施工各阶

图 10-16　项目效果图

段详细材料计划，避免材料浪费，提升项目及企业精细化管理水平。

3. BIM 应用点

（1）图纸问题整理（图 10-17）

（2）工程成本管控　两算对比如图 10-18 所示

（3）工程资料管理。

（4）技术方案模拟　临边防护模拟如图 10-19 所示。

（5）钢筋下料复核　钢筋下料明细表如图 10-20 所示

（6）施工场布模拟（图 10-21）

（7）现场协作管理（图 10-22）

（8）安装碰撞检查　地下室碰撞节选如图 10-23 所示。

（9）管线综合调整　管综报告节选如图 10-24 所示。

4. BIM 应用价值

通过应用 BIM 技术，为未央国际项目带来的效益主要体现在以下两个方面。

（1）工作效率提升

① 编制材料计划，复核实际用量。

② 减少沟通成本。

设计图纸问题及处理			
序号	图纸编号	发现的问题	设计答复
25	结施 30 结施 40	二层梁结构平面图中 2/G-H 轴交 1-2 轴范围内的一道梁未注明名称及截面尺寸,请明确	详 B 版图纸
26	结施 30 结施 40	二层梁平面图中,6-7 轴交 G-2/G 次梁 L-6C 配筋信息未给,请明确	详 B 版图纸
27	结施 30 结施 40	二层梁平面图中,7-1/7 轴交 2/A-1/C 次梁 L-7a(1A)跨数可能错误,请明确	详 B 版图纸
28	结施 30 结施 40	二层梁平面图中,7-1/7 轴交 2/A-1/C 范围内 L-7b 标注跨数为一跨一端悬挑,但实际平面图中梁为一跨两端悬挑,以何为准,请明确	详 B 版图纸
29	结施 48	二层板配筋平面图中,4 轴交 2/A-B 轴中支座钢筋 ϕ8@190 未给出深入板内尺寸,请明确	详 B 版图纸
30	结施 19	三层墙柱配筋平面图中,KZ-8 平面图尺寸 750×800 与柱钢筋详图中截面尺寸 900×900 不同,以何为准,请明确	详 B 版图纸
31	结施 31 结施 41	三层梁配筋平面图中,1-3 轴交 F 轴范围内 KL-F1(2A)梁集中标注未注明,请明确	详 B 版图纸
32	结施 31 结施 41	三层梁配筋平面图中 1-3 轴交 E 轴范围内 KL-F1(2A)梁集中标注未注明,请明确	详 B 版图纸
33	结施 40	二层梁配筋平面图中 1-3 轴交 E 轴范围内 KL-F1(2A)梁集中标注未注明,请明确	详 B 版图纸
34	结施 31 结施 41	三层梁配筋平面图中,1 轴外 ED 轴范围内 L-1a 梁集中标注未注明,请明确	详 B 版图纸
35	结施 31 结施 41	三层梁平面图中,3-4 轴交 G-H 轴 L-3f 在图中实际跨数为 1A,而集中标注处却为 1 跨,以何为准,请明确	按一端悬挑布置
36	结施 31 结施 41	三层梁平面图中,3-4 轴交 G-H 轴 L-3f 在图中梁集中标注未注明,请明确	详 B 版图纸
37	结施 31 结施 41	三层梁平面图中,4 轴交 F-G 范围内 KL-4B(1B)未注明梁下部配筋,请明确	暂未配筋
38	结施 31 结施 41	三层梁平面图中,6-7 轴交 G-H 轴 L-6a 图中实际跨数为 1A,而集中标注处却为 1 跨,请明确	暂按 1A 布置

图 10-17　图纸问题

1. 对比分析

通过对比分析,混凝土 BIM 模型总量较现场实际使用总量多 64.98m³,偏差率为 2.91%,详见汇总表如下。

序号	构建类别	实际工程量/m³	BIM 工程量/m³	量差/m³	偏差率	备注
1	墙柱	881	875.01	−5.99	−0.006%	
2	梁板	1248	1278.71	30.71	2.40%	
3	基础	41	81.26	40.26	49.54%	
合计		2170	2234.98	64.98	2.91%	

施工段 A 区混凝土 BIM 工程量较现场实际使用量多 0.05m³,偏差率为 0.02%,施工段 B 区混凝土 BIM 工程量较现场实际使用量多 30.75m³,偏差率为 6.20%,施工段 C 区混凝土 BIM 工程量较现场实际使用量多 6.08m³,偏差率为 0.47%,施工段 D 区混凝土 BIM 工程量较现场实际使用量多 40.3m³,偏差率为 49.54%,详见明细表如下。

施工段	楼层	构建类别	混凝土类别	BIM工程量/m³	实际工程量/m³	量差/m³	量偏差率
施工段A	−1层	外侧剪力墙	C45P8	56.29	73.00	16.71	29.69%
	−1层	框架柱	C45P8	9.75	0	−9.75	100.0%
	−1层	框架柱	C45	9.03	18.00	8.97	99.34%
	−1层	梁	C40	29.72	0	−29.72	100.0%
	−1层	顶板	C40P8	172.26	106.00	13.74	7.934%
		楼层小计		277.05	277.00	−0.05	0.02%
		施工段小计		277.05	277.00	−0.05	0.02%
施工段B	−1层	外侧剪力墙、柱	C45P8	60.76	72.5	11.74	19.32%
	−1层	框架柱、剪力墙	C45	93.07	83	−10.07	10.82%
	−1层	顶板	C40P8	345.4	332	−13.6	3.94%
	−1层	梁板	C40	103.02	93	−10.02	9.72%
		楼层小计		591.25	560.50	−30.75	6.20%
		施工段小计		591.25	560.50	−30.75	6.20%
施工段C	−2层	剪力墙	C55P8	0	166	166	0.00%
	−3层	剪力墙	C45P8	169.3	0	−169.3	100.0%
	−3层	剪力墙	C45	56.55	0	−56.55	100.0%
	−3层	剪力墙、框架柱	C55	276.05	483.5	207.45	71.92%
	−3层	框架柱	C45	132.54	0	132.54	100.0%
	−3层	框架柱	C45P8	17.71	0	−17.71	100.0%
	−3层	顶梁板	C40	628.11	637.00	8.89	1.42%
		楼层小计		1285.4	1291.50		
		施工段小计		1285.4	1291.50	6.08	0.47%
施工段D	基础	垫层	C15	81.26	41.00		49.54%
		施工段小计		81.26	41.00	−40.3	49.54%
		合计		2234.98	2170.00	−88	2.91%

2. 差量说明

(1)施工段A的−1层主体,剪力墙工程量量差为16.71m³,框架柱工程量量差为0.78m³,顶梁板工程量量差为15.98m³,平均差异百分比为0.02%,在正常偏差范围之内,其中BIM模型中框架柱C45P8和C45两个混凝土标号,而实际浇筑过程中,框架柱全部浇筑为C45,框架梁为C40和C40P8两个混凝土标号,而实际浇筑过程中框架梁全部浇筑为C40P8。

(2)施工段B的−1层主体剪力墙及框架柱工程量为7.13m³,顶梁板工程量为23.62m³,平均差异百分比为6.20%。

(3)施工段C的−3层主体剪力墙及框架柱工程量量差为2.81m³,顶梁板工程量量差为8.89m³,平均工程量差异百分比为0.47%,其中C区主楼南侧和东侧混凝土标号设计变更,在实际浇筑时,按主楼的混凝土标号进行浇筑,同时应做变更办理。

(4)施工段D段基础垫层工程量量差为41m³,平均差异百分比为49.54%,由于浇筑A、B区垫层混凝土时一同将部分D区垫层浇筑,所以造成此次分析的工程量较大。

因此,需要和现场施工人员进行量差原因沟通,查明是否为现场施工问题或是现场工程量统计问题所导致的。

图10-18 两算对比

图10-19 临边防护模拟

序号	规格	每件根数	简图	搭接说明	下料尺寸/cm	总根数	总长/m	总质量/kg	备注
				钢筋下料明细表					
3	Φ25	1	449		449	1	4.490	17.3	面筋/7~8(1)
4	Φ25	11	799		799	11	87.890	338.6	底筋/7~8(4/7)
5	Φ25	1	322		322	1	3.220	12.4	支座钢筋/8(1)
6	Φ25	7	271		271	7	18.970	73.0	支座钢筋/8(0/5/2)
7	Φ12	6	763		763	6	45.780	40.6	腰筋/7~8(6)
8	Φ10	23	36 □ 75		239	23	54.970	33.9	箍筋@100
9	Φ10	23	20 □ 75		208	23	47.840	29.5	箍筋@100
10	Φ8	36	38		49	36	17.640	6.9	拉筋@200

构件小计(kg)628.1(Φ8:6.9)(Φ10:63.4) (Φ12:40.6) (Φ25:517.2)

构件名称 KL-B2(6)_9-14外/B-C 构件件数:1件

序号	规格	每件根数	简图	搭接说明	下料尺寸/cm	总根数	总长/m	总质量/kg	备注
1	Φ25	1	450 900 725 900 477 400 186 539 ∠14, ∠-14, 308 ┐37	平螺纹连接 平螺纹连接 平螺纹连接 平螺纹连接 平螺纹连接 平螺纹连接	450 900 725 900 876 724 341	1 1 1 1 1 1 1	4.500 9.000 7.250 9.000 8.760 7.240 3.410	17.3 34.6 27.9 34.6 33.7 27.8 13.1	面筋/9/B~14/1/B(1)
2	Φ25	1	555 600	平螺纹连接	555 600	1 1	5.550 6.000	21.3 23.1	面筋/9~10(1)

图 10-20 钢筋下料明细表

图 10-21 施工场布模拟

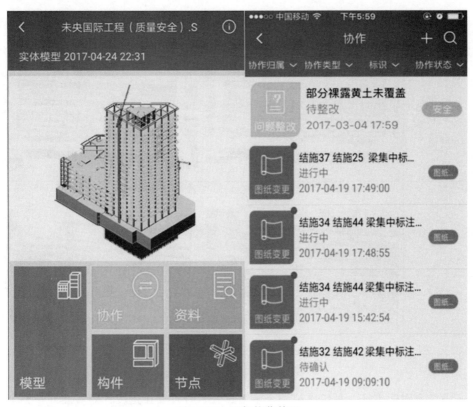

图 10-22　现场协作管理

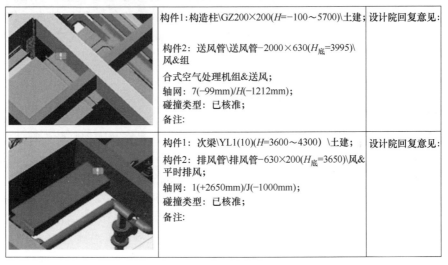

	构件1：构造柱\GZ200×200(H=-100～5700)\土建；	设计院回复意见：
	构件2：送风管\送风管-2000×630($H_{底}$=3995)\风&组 合式空气处理机组&送风； 轴网：7(-99mm)/H(-1212mm)； 碰撞类型：已核准； 备注：	
	构件1：次梁\YL1(10)(H=3600～4300)\土建； 构件2：排风管\排风管-630×200($H_{底}$=3650)\风&平时排风； 轴网：1(+2650mm)/J(-1000mm)； 碰撞类型：已核准； 备注：	设计院回复意见：

图 10-23　地下室碰撞节选

③ 工程资料管理。

（2）工期材料节约　项目通过 BIM 技术辅助现场管理，成效显著，在工期和材料等方面对项目管理提供了很大的便利。如在主体施工阶段，图纸问题复核发现 230 个图纸问题，节约材料约 300000 元，缩短工期 10 天。

此国际项目采用 BIM 技术进行项目管理全过程控制，通过先进的信息化管理手段，有效控制项目成本，加快项目进度，避免材料浪费，而 BIM 技术的应用基础就是建立可视化的三维建筑模型，通过三维模型可以更直观更形象地反映工程，发现设计中的错误和不合理

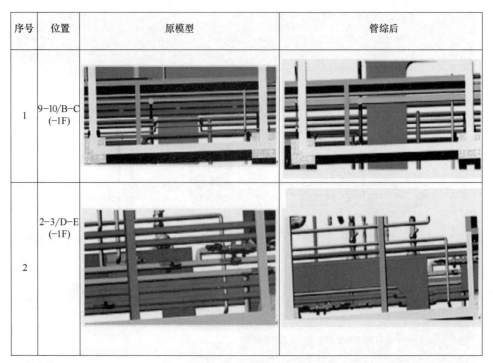

序号	位置	原模型	管综后
1	9-10/B-C (-1F)		
2	2-3/D-E (-1F)		

图 10-24　管综报告节选

处，施工中结合时间进度，可以虚拟整个施工过程，合理安排进度计划，此外在整个施工过程中，可以跟成本管理相结合，项目管理人员可以随时随地从 BIM 模型中调用所需要的数据进行多算对比，实现施工中的动态成本管控。基于互联网平台的 BIM 技术，使得公司总部与项目部的信息对称，可以及时、准确地下达指令，减少了沟通的成本，提升协同效率，大幅提升了项目精细化管理水平，为企业创造了价值。

案例五　某装配式建筑建设项目

国内越来越多的施工项目都积极应用 BIM 技术，尤其是在超大型复杂工程、三边工程、工期紧且成本压力大的现浇钢筋混凝土结构工程中，BIM 技术的应用越来越凸显其价值，它能更快消化设计方案，更快发现技术问题，更快整理出工程数据，用于生产计划、备料、控制进度等。

BIM 技术在预制装配式混凝土结构（PC 建筑）中的应用还尚属试验阶段，现以实际工程为例，详细介绍 PC 与 BIM 的结合。BIM 技术在该项目施工中应用的技术路线，能为 BIM 技术在预制装配式混凝土结构施工中的应用提供有益的借鉴。

1. 工程概况

某项目 BIM 模型如图 10-25 所示，所处地理位置优越。主楼 4 层结构平面以下及裙房 1～2 层为框架剪力墙现浇结构，主楼 4～24 层为全预制装

图 10-25　某项目 BIM 模型

配整体式框架剪力墙结构体系，25层及机房层为框架剪力墙现浇结构，房屋总高度为88.7m。总建筑面积约21266.1m²，其中地上面积18605.6m²，地下面积2659.5m²。该项目建成后将成为国内第1个建筑高度达到88.7m预制装配式建筑，第1个总体的装配力达到了80%的装配式结构。

对于4～24层全预制装配整体式框架剪力墙结构部分，柱子从4层开始，梁从5层顶开始，楼板从5层顶开始，楼梯从4层开始，阳台栏板、空调板从4层开始到24层为PC化。剪力墙、现浇框架柱外立面采用混凝土预制挂板作为现浇墙柱外模板，从4～24层实施，柱子和梁的接合部采用在柱头部现浇，梁钢筋锚固采用键槽连接。楼板采用半PC化的叠合楼板，梁采用半PC化的叠合梁。

2. BIM技术在预制装配式混凝土结构施工运用中的必要性

（1）PC项目的难点　PC项目专业分包多，包括土建、机电安装（含电气、给排水、消防、弱电、暖通）、装饰等专业，各专业工序交替施工，协调难度大，总承包管理范围广而复杂。如何有效推动总承包管理朝着更精细化、信息化的施工主流模式发展，是本工程的一大难点。

此PC项目施工协同难度大，是本工程又一大难点。PC项目的施工比常规传统的建筑需协同的专业和环节更多，施工单位应具备较强的图纸深化能力，PC构件工厂的深化设计要考虑的因素是方方面面，不仅要考虑到给排水、电气、消防、弱电、暖通等相关专业的管线综合优化后的正确预埋，而且还要考虑构件施工时为方便施工而预埋的铁件，如吊装预埋件、楼层临边围护用于与钢管立柱焊接的铁板等。连塔式起重机、施工人货梯等的附墙预埋铁件都要考虑在构件图中具体的位置，任何一个环节的出错和遗漏，都会给现场的吊装和施工带来"毁灭性打击"，所以，PC项目的施工需充分协调构件生产环节和施工环节。

（2）BIM技术的特点　BIM技术将常规的二维表达转为三维可视模型，各专业的人员可通过清晰的三维模型正确有效地理解设计的意图，协助各方及时、高效决策；采用BIM的项目，各专业间、各工作成员间都在一个三维协同环境中共同工作，深化设计、修改可以实现联动更新，这种无中介及时的沟通方式，可在很大程度上避免因人为沟通不及时而带来的设计错漏；通过BIM可以模拟真实的建造过程和施工场景，并可通过此过程预先发现可能存在的问题，从而确定合理的施工方案来指导施工。

（3）BIM技术与老年公寓PC项目施工的互补性　正是因为BIM技术有协调性、可视化、模拟性等特点，才能为此项目各专业图纸的整合、构件图的深化、安装管道的综合排布提供有利的技术支撑，通过BIM技术模拟性，我们甚至可以模拟PC构件吊装施工场景，找到可能存在的问题，并对技术方案进行可视化交底。由于BIM技术特点和PC项目特点有良好的互补性，在此PC项目中应用BIM技术具备先天优势。

3. BIM技术应用内容及技术路线

（1）利用BIM进行各专业间信息的检测　以往的工程项目之所以有那么多的风险，就是因为工程项目各专业信息零碎化，形成一个个的信息孤岛，信息无法整合和共享，各专业缺少一种共同的交互平台，造成信息流失和传递失误。BIM技术的产生有望改变这一局面，建筑施工司空见惯的"错漏碰缺"和"设计变更"所增加的建造成本、社会成本都可以通过BIM技术得到有效的改善。由于建筑、结构和安装之间共享同一模型信息，检查和解决各专业间存在的冲突更加直观和容易。在老年公寓4～25层PC标准层中，通过整合土建、给排水、电气、消防、弱电各专业模型，标准层初步碰撞结果共计83处。每处碰撞点均有三维图形显示碰撞位置、碰撞管线和设备名称以及对应图纸位置处。

可以想象一下，如果一个 PC 项目存在大量的类似于以上这种碰撞结果，而单纯靠技术人员的空间想象能力去发现这些碰撞结果，势必会造成遗漏，如果在施工时才发现，则需返工、修改、开洞，延误工期，无端增加成本，其损失不可估量。BIM 技术可以综合建筑、结构、安装各专业间信息进行检测，帮助人们及早发现问题，防患于未然。

（2）基于 BIM 的造价管理　在成本管理方面，此项目将相应的施工定额标准以编码的形式定制到 BIM 模型上，由系统对工程量进行自动算量，可以精确计算出工程成本。工程量的精准计算对于业主、承包商、材料商、工程管理以及建筑造价等都是十分重要的基础性数据，用软件建模计算工程量精准的前提是所建 BIM 模型的精准，BIM 建模精准算出的工程量不仅远比手工计算精确而且可以自动形成电子文档进行交换共享、远程传递和永久存档。精准的工程量计算是老年公寓项目最关键的要素，它是该项目进行造价测算、工程招标、商务谈判、劳务合同签订、进度款支付等一切造价管理活动的基础。

施工企业精细化管理很难实现的根本原因在于海量的工程数据无法快速准确获取以支持资源计划，致使经验主义盛行，造成成本的浪费。此项目正是由于应用 BIM 技术而快速获取大量的工程基础数据，为此项目部制订精确材料计划提供有效的支持，大大减少了资源、物流和仓储环节的浪费，为实现该项目限额领料、消耗控制提供技术支撑。

（3）BIM 技术能优化管线综合排布　在此项目中标准层整合土建、给排水、电气、消防、弱电各专业模型而得到的初步碰撞成果，为安装单位的管线综合排布提供了依据。传统的管线综合设计是以二维的形式确定三维的管线关系，技术上存在很多不足，实际施工效果表现不佳，应用鲁班 BIM 技术后，优势具体体现在以下几个方面。

① 此项目各专业建模并协调优化，三维模型可在任意位置剖切大样及轴测图，观察并调整该处管线的标高及碰撞情况。走廊位置剖面如图 10-26 所示。

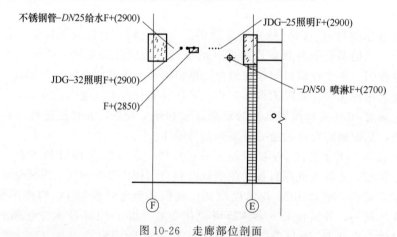

图 10-26　走廊部位剖面

② 项目管线综合后确定各楼层吊顶高度，配合精装修工作的展开。

③ 项目 BIM 模型管线综合后还可以进行实时漫游、重要节点观察批注等。通过 BIM-Works 可以实现工程内部漫游检查设计合理性，可根据实际工程的需要，任意设定行走路线，也可用键盘进行操作，实现设备动态碰撞对结构内部设备、管线的查看，更加方便直观。

④ 项目 BIM 模型已集成了各种设备管线的信息数据，因此还可以对设备管线进行较为精确的列表统计。

（4）BIM 技术在 PC 构件图纸深化中的应用　应用 BIM 技术在 PC 结构专业前期建模中把预留洞口作为重要的工作之一，PC 结构不同于传统的现浇钢筋混凝土结构，传统现浇混凝土结构浇筑成型后,对于安装管道穿结构的洞口可根据需要开槽、开洞。但PC构件则不能成型后任意开洞、开槽,PC构件所有预留洞必须在PC构件图中清楚、准确地表现出来,以便PC工厂制作构件的精准,PC构件运至现场吊装后即可。如果PC构件吊装成型后发现预留洞没开,将给施工带来很大的障碍。

所以,PC构件制作的严谨性牵涉到与机电专业的密切配合,各专业技术人员必须根据模型进行安装管线与PC构件预留洞口之间的校核工作,找出问题点,提交设计单位进行修改,出具精确的PC构件图,把施工中可能出现的问题消灭在BIM模型中。

(5)基于BIM的PC构件吊装施工模拟 根据PC吊装方案,制作PC构件吊装施工模拟模型,在真实施工开始之前优化合理的施工方案,在PC项目中,以一个标准层6天的吊装施工循环为重点,施工模拟动画准确、形象地表达了一个施工标准层的施工工艺流程,该模拟施工动画可作为实际施工的指导,有利于现场技术人员对整个工序有个清楚的把握;另外,也在模拟过程中发现一些问题,有利于在现场施工前对施工方案进行及时的调整;同时,该施工模拟动画也可作为宣传企业文化的一个平台。

本案例以预制装配式混凝土结构项目为例,首先介绍了预制装配式混凝土结构的难点和BIM技术的特点,进而论述了BIM技术和预制装配式混凝土结构有良好的互补性,在PC项目中应用BIM技术具备先天优势;然后,详细介绍了BIM技术在该项目应用的技术路线,从应用BIM技术进行各专业间信息的检测、基于BIM技术的造价管理、BIM技术优化管线综合排布、BIM技术在PC构件图纸深化中的应用、基于BIM的PC构件吊装施工模拟5大方面进行展开,为同类工程项目应用BIM技术提供了借鉴。

案例六 某商业公寓项目

1. 项目概况

本项目位于某市临江区华泰路和沿江大道交汇处。拟建的塔楼为超高层写字楼和超高层公寓楼,其中裙房为商业、餐饮酒楼。地上总建筑面积124060.17m²,地下建筑面积47527.97m²。写字楼42层、公寓楼31层、商业裙房5层、地下5层,该项目要求创国优工程。

2. 项目目的

对地下一层车道出口狭小空间内的管线,通过可视化BIM模型按照管线避让原则进行合理的优化调整,保障空间结构、提高观感质量。优化后的模型方案,提交给业主进行审核,业主认可后直接进行现场交底,保障工期和施工质量。地下车库模型调整前后如图10-27~图10-30所示。

图10-27 地下车库模型调整前(局部)

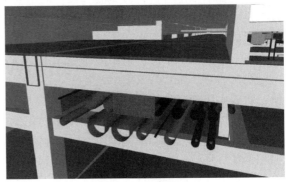

图10-28 地下车库模型调整前(局部)

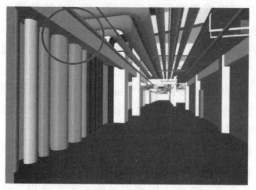

图 10-29　地下车库模型调整后（局部）　　　　图 10-30　地下车库模型调整后（局部）

3. 项目问题

从节约投资成本的角度，业主要求将项目原设计的空调四管制改为二管制，考虑到后续要进行外资招商，为入住的业主预留两管接口，可避免因管道拆改等因素造成费用增加。原四管制模型及预留两根管模型如图 10-31、图 10-32 所示。

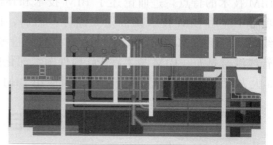

图 10-31　原四管制设计模型　　　　图 10-32　预留两根管为后期使用（标准层局部）

4. 项目实施

BIM 小组根据设计院的 CAD 图纸完成 BIM 模型的创建后，直接以三维模型的方式与业主和设计单位沟通原方案存在的问题，设计院根据模型展示的情况，进行方案优化，BIM 小组再将优化后的方案反映到三维模型中，通过双方的不断沟通，最终完成可实施的排布方案，经业主、设计单位确认，导出各专业平面图、剖面图、综合图以满足施工要求。同时，导出机房详细材料表，便于项目部采购。使用 MagiCAD 建立三维模型，展示设计方案中的不合理处，如图 10-33 所示为某制冷机房优化前的 BIM 模型，管线在图中圈的区域太集中，无法进行后续的施工。

与设计单位配合进行方案的调整，从业主角度考虑节约空间、提高使用面积，从施工角度考虑成本和施工便利性，结合两者需求，优化机房方案，提交给业主和设计单位确定。管线优化时，由原来集中在一个区域的管线，现考虑从两个方向进行优化管线路由，让管线合理分布，降低施工难度。优化后的 BIM 模型如图 10-34 所示。

机房的某区域管线太集中，各专业管道排布后有五层，为后续的施工管理及运维留下不便，管线无法排布，导致碰撞点多。因此对本区域的方案进行了全部调整，优化后能合理利用机房各区域空间，让管线排布更合理，更方便施工以及后续的检修。制冷机房某区域优化前后的 BIM 模型如图 10-35、图 10-36 所示。

本项目是第一次尝试二维设计与 BIM 方案同步优化的项目，在业主、设计单位、施工单位进行方案内部审核时，均使用 BIM 模型进行展示，提高了沟通效率，得到业主方和设计单位的高度认可。方案确定之后，使用 MagiCAD for Revit 平台直接输出二维剖面图

（图 10-37、图 10-38），交付施工单位。BIM 模型承载着几何信息与非几何信息，方便输出标注信息，提高出图效率。

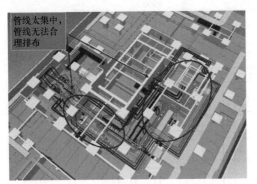

图 10-33　制冷机房优化前的 BIM 模型　　　　图 10-34　制冷机房优化后的 BIM 模型

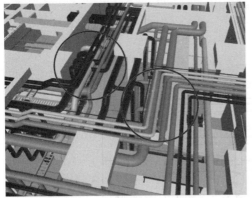

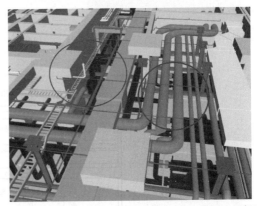

图 10-35　制冷机房某区域优化前的 BIM 模型（局部）　　图 10-36　制冷机房某区域优化后的 BIM 模型（局部）

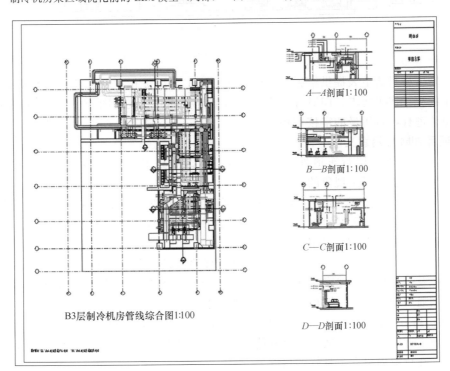

图 10-37　二维出图

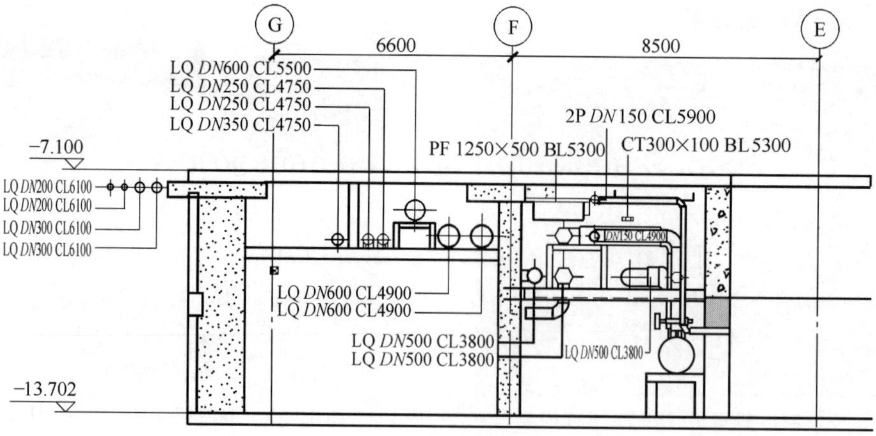

(a) A—A剖面1:100

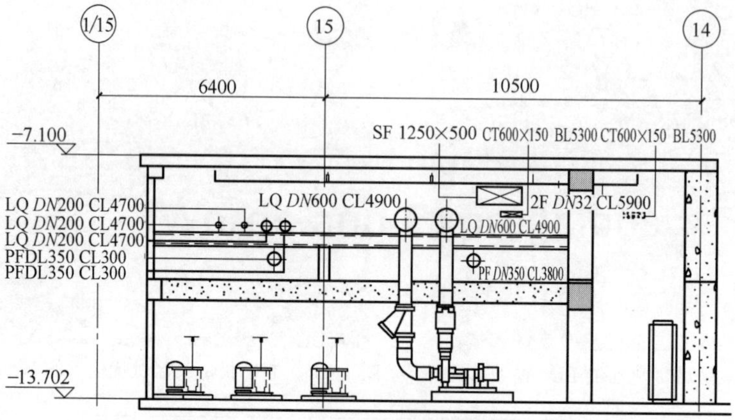

(b) B—B剖面1:100

图10-38 剖面图

  同时输出材料清单表提供给施工单位，便于施工单位进行材料采购。方案优化完成后，按照制定的交付成果要求，BIM小组会输出清单实物量汇总表（图10-39）给施工单位，便于施工单位进行材料用量的审核与控制。

5. 项目 BIM 应用意义

  ① 通过对地下一层行车道处管线进行调整后，提高了现场安装效率，节省交底时间25%，避免了返工、误工现象的发生。

  ② 在解决五层地下室临时通风问题时，利用 BIM 模型与业主沟通，将地下室排风系统提前使用，很好地将永久性设施与临时设施结合使用，合理解决了地下室的通风与排湿的问题，有效地节约了施工措施费用。

  ③ 应用 BIM 技术，可以将施工方案以最直接的方式呈现给业主，方便业主对方案进行评估，并能及时根据业主要求优化方案，再进行评审，大大缩短了业主、设计单位、施工单位三方的沟通周期，优化了对项目成本的把控，提高了业主决策效率。

  ④ 在机房方案优化的过程中，以 BIM 三维模型为基础，不仅在方案优化、平立剖出图的时间缩短了近两个月的时间，而且在施工过程中很少出现返工情况，这一点得到了甲方的高度认可，在行业内树立了良好的口碑。

  ⑤ 使用MagiCAD解决了项目的各项难点，使机电施工做到了多层多系统同时有序施

清单定额实物量汇总表

工程名：B3制冷机房管道 第1页 共4页

序号	构件族名称	构件名称	计算项目	单位	工程量
强电					
1	带配件的电缆桥架	制冷机房(半周长=400)	构件长度(超高5～20m)	m	18.803
2	带配件的电缆桥架	制冷机房(半周长=550)	构件长度(超高5～20m)	m	21.967
3	带配件的电缆桥架	制冷机房(半周长=750)	构件长度(超高5～20m)	m	49.926
4	槽式电缆桥架异径接头	制冷机房(600×150-300×100)	构件数量	个	1
5	槽式电缆桥架异径接头	制冷机房(600×150-400×150)	构件数量	个	2
6	槽式电缆桥架水平三通	制冷机房(600×150-600×150-400×150)	构件数量	个	2
7	槽式电缆桥架水平三通	制冷机房(600×150-600×150-600×150)	构件数量	个	2
8	槽式电缆桥架水平四通	制冷机房(600×150-600×150-600×150-600×150)	构件数量	个	1
消防					
9	IS单级单吸卧式离心泵	冷却水泵（卧式单吸泵）LQB-3	构件数量	个	2
10	IS单级单吸卧式离心泵	热水泵（卧式单吸泵）RSB-1	构件数量	个	4
11	超滤供水泵	冷却水泵（卧式单吸泵）LQB-2	构件数量	个	4
12	超滤供水泵	冷冻水泵（卧式单吸泵）LDB-1	构件数量	个	3
13	超滤供水泵	冷冻水泵（卧式单吸泵）LDB-2	构件数量	个	4
20	管道类型	MC_无缝钢管(MC_无缝钢管;DN200;空调热水)	构件长度(超高3.6～8m)	m	27.495
			构件长度	m	10.203
21	管道类型	MC_无缝钢管(MC_无缝钢管;DN250;空调冷却水)	构件长度(超高3.6～8m)	m	85.632
			构件长度	m	25.811
22	管道类型	MC_无缝钢管(MC_无缝钢管;DN250;空调冷冻水)	构件长度(超高3.6～8m)	m	10.612
			构件长度	m	20.686
23	管道类型	MC_无缝钢管(MC_无缝钢管;DN250;空调热水)	构件长度(超高3.6～8m)	m	1.209
			构件长度	m	16.898
24	管道类型	MC_无缝钢管(MC_无缝钢管;DN300;空调冷却水)	构件长度(超高3.6～8m)	m	151.386
25	管道类型	MC_无缝钢管(MC_无缝钢管;DN300;空调冷冻水)	构件长度(超高3.6～8m)	m	131.044
			构件长度	m	51.579
26	管道类型	MC_无缝钢管(MC_无缝钢管;DN350;空调冷却水)	构件长度(超高3.6～8m)	m	13.155
			构件长度	m	38.688
27	管道类型	MC_无缝钢管(MC_无缝钢管;DN450;空调冷冻水)	构件长度(超高3.6～8m)	m	38.236
			构件长度	m	2.425

图 10-39　清单定额实物量汇总表

工，确保了施工的工期和质量，解决了技术问题。本项目应用 BIM 技术取得了显著的成效，获得了业主方的高度认可和一致好评。经过多项目的落地应用，业主建立了公司 BIM 中心应用标准：公司 BIM 标准、管线色标标准、BIM 模型技术应用咨询服务协议。

案例七 某工厂车间建设项目

1. 项目概况

某车间建设工程项目，位于××市五常市葵花大道，建筑面积约 1.87 万平方米，为钢筋混凝土框架结构，地上二层，一层 6.6m、二层 5.7m、屋面机房 3.9m，建筑类别为多层工业厂房，耐火等级为一级。该工程机电工程部分由×××建筑安装工程有限责任公司水电分公司负责施工。

2. 项目难点

该工程虽然建筑面积不大，结构不复杂，但该项目为医药加工厂房，对洁净度要求高，机电管道多、设备多。通风管道截面积大，而走廊宽度又窄，造成有的通风管道的宽度占据整个走廊宽度的问题，施工困难。该项目走廊包含了给水冷热水系统、消防防排烟系统、消防水系统、生活污水系统、送排风系统、采暖系统、空调系统、动力配电系统、照明系统、弱电控制系统、楼宇自控系统等十多个系统的管线。该走廊区域空间狭小，管线复杂，这就要求有更准确、更高质量的管线综合排布方案，才能取得最佳效果（图 10-40）。

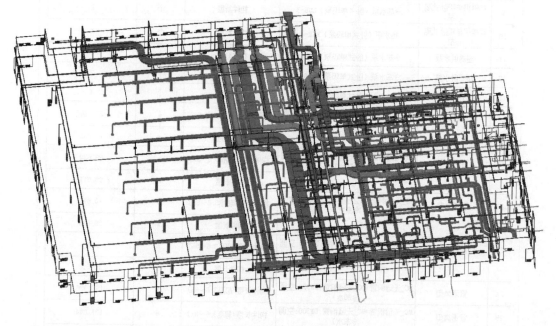

图 10-40　机房管线优化前

3. 调整思路

以建筑结构模型为基础进行机电模型的链接，发现很多不同系统的管线都在一个标高且在同一个位置，管线碰撞非常严重。在调整管线综合时，常以机电工程管线综合的基本原则和图纸给定走廊吊顶标高为基准进行调整，调整思路如下。

① 管线综合应以暖通专业为主，水电专业为辅，因为暖通的风管管径最大。在进行管综时，通过广联达 MagiCAD 软件，运用 BIM 技术先出具一套管线综合方案，再与施工总包项目经理协商，最后确定管线综合方案，最后再返给设计单位进行审核。

② 暖通的风管如果不止一根，一般来说，排烟风管宜高于其他风管，大管径风管宜高于小管径风管。两个风管如果只是在局部交叉，可以安装在同一标高，交叉的位置小管径风

管绕大管径风管。

③ 水管方面，有压管绕无压管。

④ 生活污水管需考虑坡度，最后实际标高通常由排水管的最低点决定。

⑤ 电气桥架安装相对自由，可以见缝插针，先把风管及给排水管道安排好，再考虑桥架的空间，桥架不能安装在水管正下方。

⑥ 采暖管道翻转过于频繁会导致集气，附件少的管道让附件多的管道。

⑦ 走廊管道要留出一定的操作空间，便于以后维修。

⑧ 在做管综时候，最好查看现场。

如图 10-41 所示为管综模型与实际施工后管线对比。

图 10-41　管综模型与实际施工后管线对比

4. 消防泵房

该项目消防泵房空间小，设备多，管线复杂。为进行合理有效的排布，通过 MagiCAD 软件，根据施工图纸在泵房没有施工的情况下，完成确定整个泵房的设备位置、管线路由、标高等一系列准备工作。首先，根据原设计图纸优化了设备位置。由于 4 个配电柜距离楼梯口及消防水箱过近，不符合施工规范且影响美观。对此进行了深化设计，如果将 4 个配电柜向右侧移放，配电柜又紧邻排水沟，影响配电柜使用寿命，现消防泵房只有水管管道井旁边有一个可以安置 4 个配电柜的位置，但此靠墙处有散热器，最后与设计院协商，将此处散热器移至他处，将 4 个配电柜放置此处，这样既符合了施工验收规范，又避免了返工，如图 10-42所示。

5. 管线碰撞检测

根据设计图纸进行管线深化，确定了管线的路由、标高等。如果没有提前对管线进行综合排布，就会出现管线在施工过程中各专业路由碰撞的问题。现场施工出现问题就要调整标高，调整标高后的路由如果跟后续的管线还有冲突，就需重新测量定位。如果不能施工就需要将已经完成了的支架、管线及阀门部件全部拆除，同时又要反复搭设脚手架、搬运工具等，造成二次用工。拆除的管道和支架有些可以重新利用，但有些则无法使用，也造成材料浪费。同时施工的专业分包单位较多，如果只是本单位之间的管线调整，则协调较为简单；对于需要其他单位配合的情况，就会牵扯到费用及材料浪费问题，施工进度也会受到制约。利用 BIM 模型找出碰撞解决方案，可指导施工顺利进行，有效预防施工交叉。

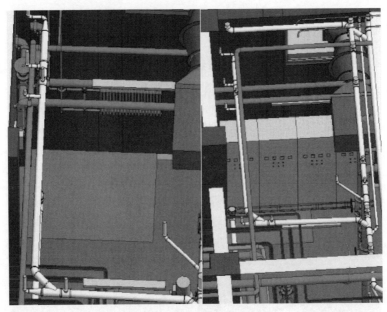

图 10-42 机房管线优化后

6. 利用 BIM 技术对施工材料进行统计

在创建 BIM 模型的过程中，任何一个元素都会赋予与其对应的参数。在完成模型的绘制工作之后，应该按照实际需要对单个系统所使用的具体材料以及数量等进行统计，有效地减少了前期算量周期，加快预算的进行，为项目管理策划奠定了良好的基础。为满足各方面需求，Revit 软件还能通过设置一些条件进行适当的筛选。根据不同施工阶段的实际需求，通过对模型进行操作即可获得相应数据，有利于物资进场计划的制订及库房设置工作的开展。传统机电工程的施工完全凭经验，安排劳动力、材料配件都是根据经验领用，没有准确的数量。有了精确的 BIM 模型，可以使各种施工信息十分精确（如图 10-43、图 10-44 和图 10-45），人力安排、材料计划十分精确，实现了精确的过程控制，对提高施工管理效率和强化成本管理起到直接作用。水泵安装如图 10-46 所示，采暖进户井安装图 10-47 所示。

<采暖管道明细表>			
A	B	C	D
材质	尺寸	长度	合计
焊接钢管	10 mm	410	4
焊接钢管	20 mm	940269	673
焊接钢管	25 mm	949237	597
焊接钢管	32 mm	98847	44
焊接钢管	40 mm	101673	34
焊接钢管	50 mm	282113	85
焊接钢管	65 mm	285523	93
焊接钢管	80 mm	341226	35
焊接钢管	100 mm	16248	22
		3015547	

图 10-43 Revit 导出工程量

7. 对施工进度进行管理控制

通过制作三维施工模拟动画，可以做好施工进度的跟踪及监督。通过模拟动画，可以很好地了解施工流程、施工顺序、施工重难点，通过三维照片，对工人进行施工交底，可有效地加快施工进度，本项目与预计竣工时间相比提前了 10 天。

8. 对工程造价进行管理和控制

通过 Revit 模型提供的精准数据，提高了工程材料的精确度。另外通过广联达 BIM5D 技术可以根据业主投入的资金进行实时追踪，并且及时更新，能够在任意时间查阅到投资金额的拨款比例；在设计变更的过程中，还能对变更部分的造价进行计算，确保工程项目不会遭到经济上的损失。

9. 此项目 BIM 应用意义

本车间建设工程项目，对图纸进行了的二次深化设计，如各楼层走廊管线综合方案的初步制订、管线碰撞问题的解决、机电系统不符合设计和施工规范的检查、孔洞预留方案的初步制订及工程量的审查等工作，为业主方及施工总承包单位节约成本，并加快了工期。

分部分项工程和单价措施项目清单与计价表

工程名称:采暖工程　　　　标段:某项目前处理车间建设　　　第 1 页 共 7 页

序号	项目编码	项目名称	项目特征描述	计量单位	工程量	综合单价	综合合价	其中：暂估价
		整个项目						
1	031001002001	钢管	[项目特征] 1.规格、压力等级:焊接钢管DN100 [工程内容] 1.管道安装 2.管件制作、安装 3.压力试验 4.吹扫、冲洗 5.除锈 6.防锈漆 二遍	m	15.86			
2	031001002002	钢管	[项目特征] 1.规格、压力等级:焊接钢管DN80 [工程内容] 1.管道安装 2.管件制作、安装 3.压力试验 4.吹扫、冲洗 5.除锈 6.防锈漆 二遍	m	341.07			
3	031001002003	钢管	[项目特征] 1.规格、压力等级:焊接钢管DNTO [工程内容] 1.管道安装 2.管件制作、安装 3.压力试验 4.吹扫、冲洗 5.除锈 6.防锈漆 二遍	m	276.04			
		本页小计						

注：为计取规费等的使用，可在表中增设其中："定额人工费"。

表-08

图 10-44　工程清单

<管道明细表 2>			
A	**B**	**C**	**D**
材质	直径	长度	注释
焊接钢管	15.0 mm	17604	
焊接钢管	20.0 mm	15551	
焊接钢管	25.0 mm	2527146	
焊接钢管	32.0 mm	101703	
焊接钢管	40.0 mm	201013	
焊接钢管	50.0 mm	355359	
焊接钢管	65.0 mm	223315	
焊接钢管	80.0 mm	129356	
焊接钢管	100.0 mm	70816	
焊接钢管	20.0 mm	951	一层
焊接钢管	25.0 mm	201900	一层
焊接钢管	65.0 mm	90411	一层
焊接钢管	100.0 mm	83639	一层
焊接钢管	25.0 mm	3702	二层
焊接钢管	20.0 mm	546	地下一层
焊接钢管	25.0 mm	344752	地下一层
焊接钢管	32.0 mm	13045	地下一层
焊接钢管	40.0 mm	19789	地下一层
焊接钢管	50.0 mm	27655	地下一层
焊接钢管	65.0 mm	90241	地下一层
焊接钢管	80.0 mm	49504	地下一层
焊接钢管	100.0 mm	108801	地下一层
焊接钢管	150.0 mm	27477	地下一层
总计: 3507		4704276	

图 10-45　分楼层导出工程量

图 10-46　水泵安装

图 10-47　采暖进户井安装

参 考 文 献

［1］ 李娟. 建筑施工企业 BIM 技术应用实施指南［M］. 北京：中国建筑工业出版社，2017.
［2］ 李久林. 大型施工总承包工程 BIM 技术研究与应用［M］. 北京：中国建筑工业出版社，2014.
［3］ 李云贵. 建筑工程施工应用指南：第 2 版［M］. 北京：中国建筑工业出版社，2017.
［4］ 姜韶华等. BIM 基础及施工阶段应用［M］. 北京：中国建筑工业出版社，2017.
［5］ 丁烈云. BIM 应用施工［M］. 上海：同济大学出版社，2016.
［6］ 王珺. BIM 理念及 BIM 软件在建设项目应用中的研究［D］. 成都：西南交通大学，2011.
［7］ 李恒等. BIM 在建设项目中应用模式研究［J］. 工程管理学报，2010，24（5），525-529.